W0257481

# VERSTÄNDLICHE WISSENSCHAFT

ACHTUNDFÜNFZIGSTER BAND

## DIE SAFTSTRÖME
## DER PFLANZEN

VON

BRUNO HUBER

SPRINGER-VERLAG BERLIN HEIDELBERG GMBH

# DIE SAFTSTRÖME DER PFLANZEN

VON

## DR. BRUNO HUBER

PROFESSOR FÜR ANATOMIE, PHYSIOLOGIE
UND PATHOLOGIE DER PFLANZEN AN DER UNIVERSITÄT MÜNCHEN

DIREKTOR DES FORSTBOTANISCHEN INSTITUTES
DER BAYERISCHEN FORSTLICHEN FORSCHUNGSANSTALT

1.—6. TAUSEND

MIT 75 ABBILDUNGEN

SPRINGER-VERLAG BERLIN HEIDELBERG GMBH

Herausgeber der Naturwissenschaftlichen Abteilung:
Prof. Dr. Karl v. Frisch, München

Alle Rechte,
insbesondere das der Übersetzung in fremde Sprachen,
vorbehalten

Ohne ausdrückliche Genehmigung des Verlages ist es auch nicht
gestattet, dieses Buch oder Teile daraus auf photomechanischem
Wege (Photokopie, Mikrokopie) zu vervielfältigen
ISBN 978-3-642-86355-4          ISBN 978-3-642-86354-7 (eBook)
DOI 10.1007/978-3-642-86354-7
ⓒ by Springer-Verlag Berlin Heidelberg 1956
Originally published by Springer-Verlag OHG. 1956
Softcover reprint of the hardcover 1st edition 1956

# Vorwort

Jeder weiß, daß die Landpflanze mit Hilfe ihrer Wurzeln aus dem Boden Wasser und Nahrung zieht. Das Verlorengegangene ersetzt der Gärtner durch fast tägliches Begießen, der Landwirt wenigstens einmal im Jahr durch eine immer planmäßiger werdende Düngung.

Noch immer lange nicht so allgemein bekannt wie die Ernährung der Pflanze aus dem Boden ist die Tatsache, daß ein nicht minder wichtiger Teil der Nahrung, nämlich der Kohlenstoff, von den grünen Landpflanzen ganz vorwiegend durch die Blätter als Kohlendioxyd aus der Luft aufgenommen und am Licht zu Kohlenhydraten verarbeitet wird. Wir nennen diesen Vorgang Kohlensäure-Assimilation oder auch Assimilation schlechthin, die gebildeten Stoffe Assimilate.

Diese Ernährung aus zwei räumlich getrennten Quellen hat zwangsläufig zwei einander entgegen gerichtete Stofftransporte zur Folge: Das von der Wurzel aufgenommene Wasser bewegt sich samt den in ihm gelösten Stoffen vorwiegend aufwärts; wenn dann das Wasser von den Blattflächen verdunstet (transpiriert wird), so werden die mitgeführten Stoffe wie in den Sudpfannen der alten Salinen angereichert. Wir nennen daher diesen Stofftransport den *aufsteigenden Saftstrom* oder auch *Transpirationsstrom*. Umgekehrt bewegen sich die in den grünen Blättern gebildeten Kohlenhydrate und andere organische Baustoffe nach allen Orten des Bedarfs, insbesondere nach den unterirdischen Teilen, die zu eigener Assimilationstätigkeit unfähig und daher auf die Zufuhr von Assimilaten angewiesen sind. Wir nennen daher diesen Stofftransport den *absteigenden Saftstrom* oder *Assimilatstrom*.

Als die Väter der Pflanzenphysiologie, vorab der Italiener MALPIGHI um 1675, diese beiden Stoffströme entdeckten und zugleich erkannten, daß sie sich in großen Teilen des Pflanzen-

körpers Seite an Seite in besonderen Bahnen bewegen, die man
bis dahin fälschlich als Nerven bezeichnet hatte, erinnerte das an
den Blutkreislauf von Mensch und Tier mit dem vom Herzen
ausgehenden arteriellen und dem zum Herzen zurückkehrenden
venösen System. Wir werden im Verlaufe unserer Darstellung
hören, wie wenig dieser Vergleich zutrifft. Fast ein Jahrhundert
gehörte es zu den vordringlichen Anliegen der botanischen Saftstromphysiologie, sich von der Verstrickung mit anthropomor-
phen Vorstellungen zu lösen, und noch bis in unsere Tage zittert
in den Kontroversen diese geschichtliche Belastung nach.

Und doch ist dieser — wie gesagt: falsche — Vergleich zwischen pflanzlichen Saftströmen und tierischem Blutkreislauf der
Hauptgrund, daß gerade dieser Teilvorgang des Pflanzenlebens
weit über die Fachbotanik hinaus die Anteilnahme weiter Kreise,
nicht zuletzt der Mediziner, gefunden hat. Diesen ehrlichen Fra-
gern möchte das vorliegende Bändchen so getreu wie möglich
Auskunft geben, wie es wirklich ist.

Es gibt freilich noch einen zweiten Grund, der mindestens das
Saft*steigen* zeitweilig zu einer wissenschaftlichen Weltsensation
gemacht hat: In der zweiten Hälfte des vorigen Jahrhunderts erkannte man, daß das Wasser in die Kronen unserer Bäume in der
Regel nicht hochgepumpt, sondern von den Kronen selbst hoch-
gesogen wird. Nun arbeiten unsere technischen Pumpen nach dem
Prinzip des Vacuums, d. h. sie schaffen einen möglichst luftleeren
Raum, in dem der äußere Luftdruck Flüssigkeiten bestenfalls bis
zum Druck einer Atmosphäre, das sind bei Wasser zehn Meter,
nachdrückt. Da aber unsere Bäume oft über dreißig, in Grenz-
fällen sogar über hundert Meter hoch werden können, war die
Versorgung der Baumkronen durch Saugung ein Rätsel, dessen
Lösung erst um die Jahrhundertwende der Kohäsionstheorie
gelang.

Neben diesen beiden geschichtlichen Motiven, welche das In-
teresse weiter Kreise an der Physiologie der pflanzlichen Saftströme erklären, tritt neuerdings ein drittes viel zeitnäheres in den
Vordergrund: Je mehr man sich in die Vorgänge versenkt, desto
stärker fesselt die gegenseitige Abstimmung der beiden Vorgänge.
Wie kommt es, daß die Assimilate nicht gleich in den Blättern
oder ihren Tragzweigen aufgezehrt werden, sondern auch noch

die Wurzeln in genügenden Mengen erreichen? Und umgekehrt: Was veranlaßt das Wasser, entgegen dem Gesetz der Schwere in die Kronen der Bäume aufzusteigen und nicht bereits von Stockausschlägen und Wasserreisern verbraucht zu werden, deren Erscheinen bekanntlich bereits als Krankheitszeichen gilt? Die Unterordnung der Teile unter das Ganze auch an diesem Beispiel kennenzulernen, mag in einer Zeit nützlich sein, in der Interessentenkämpfe oft genug das Gemeinwohl zu gefährden drohen. Freilich können solche Gedankengänge erst den Abschluß unserer Darstellung bilden; zuvor gilt es, jeden einzelnen der beiden Vorgänge gründlich kennenzulernen.

Dem Herausgeber, Herrn Kollegen von Frisch, danke ich für die Ermunterung zu dieser Darstellung; sie wurde in Südtirol im ländlich abgeschiedenen Gufidaun niedergeschrieben, wo sich fernab von literarischen Hilfsmitteln das Wesentliche vom Unwesentlichen am besten abzusetzen pflegt.

Gufidaun, Sommer 1956

Bruno Huber

# Inhaltsverzeichnis

# Erster Teil

# Der aufsteigende Saftstrom
# oder Transpirationsstrom

## Einführender Überblick

Ehe wir im einzelnen an die Betrachtung des aufsteigenden Saftstromes herangehen, tun wir gut daran, uns einen gewissen Überblick über das Ausmaß der zu erwartenden Vorgänge zu verschaffen. Unter allen Stoffwechselvorgängen steht bei der Landpflanze die *Transpiration*, die Abgabe von Wasserdampf aus den dünn gespreiteten Blattflächen an die Luft, mengenmäßig mit großem Abstand an der Spitze. In der Zeit, in der die Blätter aus dem Kohlendioxyd der Luft ein Gramm Trockensubstanz aufbauen, gehen über die gleichen Flächen 200 bis 1000 g Wasser verloren. Die Landwirtschaft hat dieses für ihre Erzeugung entscheidend wichtige Verhältnis von Wasserverbrauch und Ertrag in wiederholten Versuchen tausendfältig bestätigt. Es läßt sich auch nur in sehr bescheidenen Grenzen verändern; denn durch die mikroskopisch kleinen „Spaltöffnungen" (Abb. 1), welche jedes Quadratmillimeter Blattfläche zu Hunderten zu durchbrechen pflegen, muß nach den Gesetzen der Diffusion ein Vielfaches der aufgenommenen Kohlensäure an Wasserdampf entweichen,

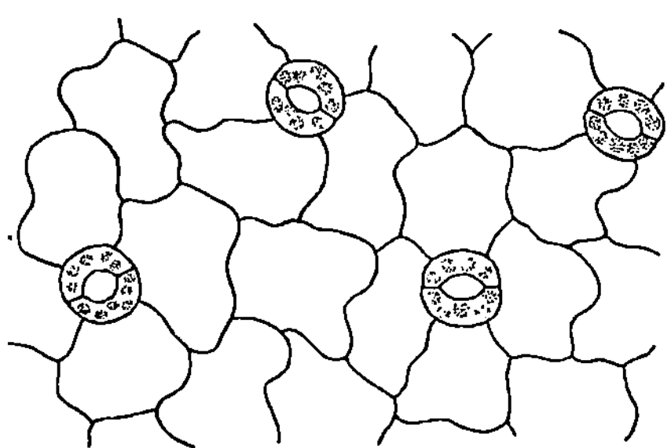

Abb. 1. Flächenansicht der Epidermis eines Dicotylenblattes mit Spaltöffnungen. 100:1. Nach STOCKER

weil die Luft viel mehr Wasserdampf aufzunehmen vermag, als
sie Kohlensäure enthält. Die Bindung des Kohlenstoffs (die Assimilation) und die Abgabe von Wasserdampf (die Transpiration)
sind daher bei Landpflanzen zwangsläufig gekoppelt, und insofern
hat man die Transpiration ein notwendiges Übel genannt.

Die Pflanze hat es aber längst gelernt, aus dieser Not eine
Tugend zu machen: Das transpirierte Wasser durch Zufuhr aus
den Wurzeln zu ersetzen, ist Aufgabe des
Transpirationsstromes; während aber bei
der Transpiration reiner Wasserdampf
entweicht, strömt aus dem Boden eine
Mineralstofflösung nach; *damit wird der
Transpirationsstrom zum Mittler der Nähr-
stoffversorgung aus dem Boden.*

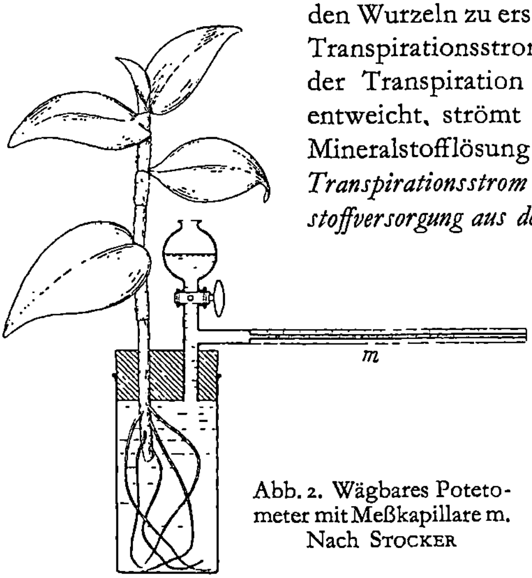

Allerdings steht
auch hier mengen-
mäßig der Transport
des Wassers weitaus
im Vordergrund. Der
Anteil der in ihm ge-
lösten Stoffe liegt —
wenn wir von Salz-
standorten mit ihrer
besonderen Flora ab-
sehen — in der Grö-

Abb. 2. Wägbares Poteto-
meter mit Meßkapillare m.
Nach STOCKER

ßenordnung eines Gramms im Liter, also eines Tausendstel ($1\,^0/_{00}$).

Die Tatsache, daß der Wasserumsatz der Pflanzen den Umsatz
sowohl an Salzen wie an organischen Stoffen ums Hundert- bis
Tausendfache übertrifft, bedeutet für die Erforschung des Wasser-
umsatzes methodisch eine ungeheuere Erleichterung. Wenn wir
Pflanzen oder Pflanzenteile auf die Waage bringen und mehr oder
weniger rasch an Gewicht abnehmen sehen, so kann es sich dabei
praktisch nur um die Transpiration handeln. Beinahe noch ein-
facher ist es, Pflanzen luftblasenfrei[1] in Wasserbehälter einzudich-
ten und die aufgenommene Wassermenge an einem angesetzten
Kapillarrohr abzulesen (Abb. 2); man nennt diese Anordnung

---

[1] Eingeschlossene Luftblasen ändern ihr Volumen mit der Temperatur und
können Potetometerablesungen gefährlich fälschen.

Potetometer, d. h. Trinkmesser (neuerdings liest man oft kürzer, aber sprachlich falsch Potometer). Kein anderer Stoffwechselvorgang kann mit so einfachen Hilfsmitteln untersucht werden. Es nimmt daher nicht wunder, daß der Wasserumsatz der Pflanzen früher als andere pflanzenphysiologische Vorgänge quantitativ erforscht und monographisch dargestellt worden ist (BURGERSTEIN, Die Transpiration der Pflanze, Jena 1904). Zur Erforschung der übrigen Stoffwechselvorgänge sind geeignete Methoden viel langsamer und später entwickelt worden; um so mehr rücken diese erst mangelhaft erforschten Vorgänge nunmehr ins Blickfeld der jungen Forschergeneration, ähnlich wie auf strukturellem Gebiet der durch das Elektronenmikroskop erschlossene Bereich kleinster Dimensionen.

Als Ergebnis solcher Wägungsversuche können wir festhalten, daß in den gemäßigten Zonen die Mehrzahl der Pflanzen täglich ein Mehrfaches (an schönen Sommertagen etwa das 2—10fache) des Frischgewichtes ihrer grünen Teile (Blätter bzw. Nadeln) transpiriert. Für eine Sonnenblume sind das 1 bis 2, für eine Birke 50, für ein ha Buchenwald 30000 Liter am Tag, auf die Bodenfläche bezogen etwa 3 mm je Sommertag.

Solche Wassermengen können nur ausnahmsweise über längere Zeit hinweg aus angesammelten Vorräten gedeckt werden. Aus solchen schöpft vor allem die biologische Gruppe der „Fettpflanzen" oder Succulenten, deren bekannteste Vertreter die Kakteen sind (Abb. 3). Die weitaus überwiegende Mehrzahl unserer höheren Pflanzen lebt aber aus der Hand in den Mund und muß aus dem Boden täglich ungefähr die Wassermengen aufnehmen, welche ihre oberirdischen Teile transpirieren. Drohen in längeren Trockenzeiten die unterirdischen Wasservorräte zu versiegen, so schließen sich die Spaltöffnungen. Damit läßt sich wohl die Transpiration auf Bruchteile des Normalwertes einschränken, zugleich erliegt damit aber auch die Kohlendioxydaufnahme und Stoffproduktion[1].

Für den Typus der höheren Pflanze, wie ihn etwa unsere Bäume darstellen, kann im Gleichgewichtszustand die durch

---

[1] Viele niedere Pflanzen ohne geregelten Wasserhaushalt leben nur bei Befeuchtung aktiv und versinken während niederschlagsfreier Zeiträume in eine Trockenstarre. Mit diesen „wechselfeuchten" (poikilohydren) Pflanzen, zu denen die Flechten- und Moosbewüchse der Baumstämme und Felsen gehören, brauchen wir uns hier nicht zu beschäftigen.

Wägung ermittelte Transpiration im Tagesdurchschnitt der Wasseraufnahme und auch der Wasserdurchströmung gleichgesetzt werden. Schon der Engländer HALES, der 1726 das erste Lehrbuch der Pflanzenphysiologie veröffentlicht hat, ist nun auf den Einfall gekommen, die von seiner Sonnenblume transpirierte Wassermenge auf den Stengelquerschnitt zu beziehen, durch den dieses

Abb. 3. Kakteenwüste in Südarizona mit Carnegia gigantea (Säulenkakteen) und Opuntien (vorne). Nach STOCKER. Während die meisten Landpflanzen auf ständige Wasserdurchströmung angewiesen sind, können solche Sukkulenten monatelang von gespeicherten Wasservorräten leben

Wasser nach oben strömen muß. Er kam dabei auf eine Wassersäule von 45 Zoll (135 cm) Höhe im Tag. Seine Zahl gibt aber nur eine unzureichende Vorstellung der Geschwindigkeit des Saftsteigens, weil keineswegs der ganze Stengelquerschnitt an der Wasserleitung beteiligt ist; diese beschränkt sich vielmehr auf ganz bestimmte Wasserleitungsröhren, welche nur einen Bruchteil der gesamten Querschnittsfläche einnehmen. Mit der Verfeinerung unserer anatomischen Kenntnisse ließ sich das HALESsche

Beispiel genauer durchrechnen: Wir wissen heute, daß zur Versorgung von einem Gramm Blätter oder Nadeln durchschnittlich $1/_2$ mm² Leitungsquerschnitt zur Verfügung steht. Wenn nun ein Gramm Blätter täglich das Fünffache des Eigengewichtes an Wasser transpiriert, so wird das halbe Quadratmillimeter Leitungsquerschnitt von 5 g oder 5000 mm³ Wasser passiert, jedes mm² von 10000 mm³, was einer Säule von 10 m Länge entspricht. Da über Nacht die Strömung stark abklingt, können wir während der Tagesstunden mit *Stundenfiltrationen von etwa* 1 m rechnen. Direkte Verfahren, etwa der Aufstieg von Farbstofflösungen, bestätigen die größenordnungsmäßige Richtigkeit dieser Überschlagsrechnung (Näheres S. 27 ff.).

Nach diesem ersten Überblick beschäftigen wir uns nunmehr im einzelnen

A. mit den Wasserleitungsbahnen,

B. mit der stofflichen Zusammensetzung des Transpirationsstromes,

C. seiner Geschwindigkeit und schließlich

D. den ihn bewegenden Kräften.


## A. Wasserleitungsbahnen

### 1. Einführung

Betrachten wir den Stengelquerschnitt einer Kletterpflanze, etwa der heimischen Waldrebe (Clematis), der Gartenzierpflanze Aristolochia sipho (Pfeifenblume) oder auch des in den botanischen Praktiken beliebten Kürbis, so gewahren wir schon mit freiem Auge, besser noch mit der Lupe, gesetzmäßig angeordnete Poren von $1/_4$ bis $1/_2$ mm Weite (Abb. 4). Was sich uns so darbietet, ist die Querschnittsansicht von Röhren, welche den Stengel über große Strecken der Länge nach durchziehen (Abb. 5). Sie lassen Flüssigkeiten und Gase leicht passieren, ein Zeichen, daß ihr Lauf durch keine Querwände unterbrochen wird. Wir können so ein Stengelstück mit Hilfe eines Gummischlauches an die Wasserleitung hängen und sehen dann das Wasser in geschlossenem Strahl durchlaufen, wir können Quecksilber durchtropfen lassen, wir können es aber auch an einen Gasschlauch anschließen und das austretende Gas anzünden.

Als die Väter der Pflanzenanatomie diese Röhren entdeckten,
die vom sonstigen Zellkammerbau des Pflanzenkörpers so auffällig
abweichen, dachten sie an ein Luftröhrensystem und nannten
daher die Gebilde *Tracheen* (trachea = Luftröhre). Dieser Name
ist ihnen geblieben, obwohl man inzwischen längst erkannt hat,

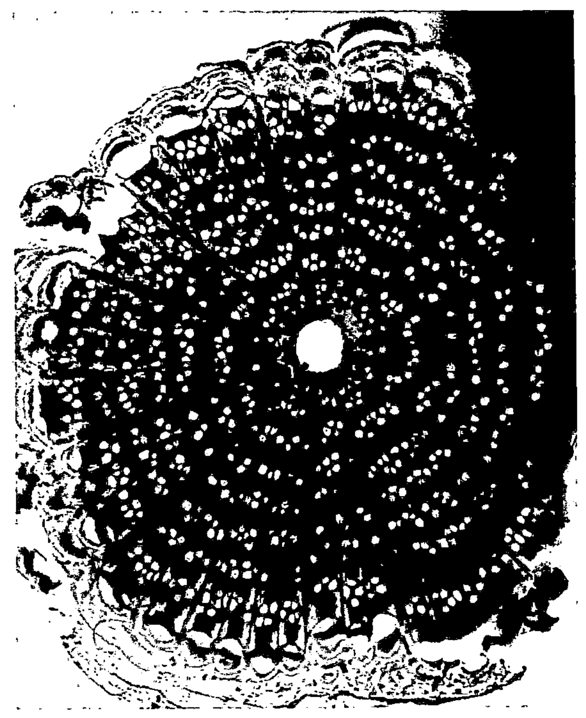

Abb. 4. Stengelquerschnitt der Waldrebe (Clematis vitalba) unter der Lupe (6:1),
die Querschnitte zahlreicher Wasserleitungsröhren (Gefäße, Tracheen) zeigend

daß es sich nicht um Luft- sondern Wasserleitungsröhrchen, die
von uns gesuchten Leitungsröhren für den Transpirationsstrom,
handelt. Im deutschen Schrifttum werden diese Röhren auch als
*Gefäße*, im englischen entsprechend als vessels bezeichnet.

Der Irrtum der Erstbeobachter ist verzeihlich: Da — wie wir
noch näher hören werden — im Pflanzenkörper Saugspannungen
die Regel sind, laufen beim Anschnitt die Wasserleitungsröhren

6

leicht leer und erscheinen dem mikroskopischen Untersucher lufterfüllt. Mit vorsichtigeren Präpariermethoden fand man dann in
der Mitte des vorigen Jahrhunderts von vielen Luftblasen unter-
brochene Wasserfäden („Jaminsche Ketten") und baute auf diesen Befund komplizierte Theorien der Wasserbewegung auf. Erst
um die Jahrhundertwende setzte
sich dann nach und nach die Überzeugung durch, daß *funktionsfähige
Gefäße wassererfüllt* sind. Diese Ansicht ist allerdings mehr eine Fol-
gerung aus den sich um jene Zeit
anbahnenden neuen Anschauungen über die Mechanik des Saftsteigens (s.u.S.43) ;das einschlägige
Beobachtungsmaterial ist noch
heute ausgesprochen mager. Nur
so ist es verständlich, daß sich 1954
2 angesehene ausländische Gelehrte
wieder einmal für die Ansicht ein-
setzten, die Tracheen könnten doch
im ursprünglichen Wortsinn Luft-
röhren sein.

Zur Stütze der Lehrmeinung
seien daher die wichtigsten Beweise
für die Wasserfüllung der Tracheen
kurz zusammengestellt: Bei durchscheinenden Pflanzenstengeln wie
denen des Rührmichnichtan (Impatiens) läßt sich die Wasserfüllung
unmittelbar beobachten; künstliche Einführung von Luftblasen
blockiert die Wasserleitung und
hat Welken zur Folge (deswegen

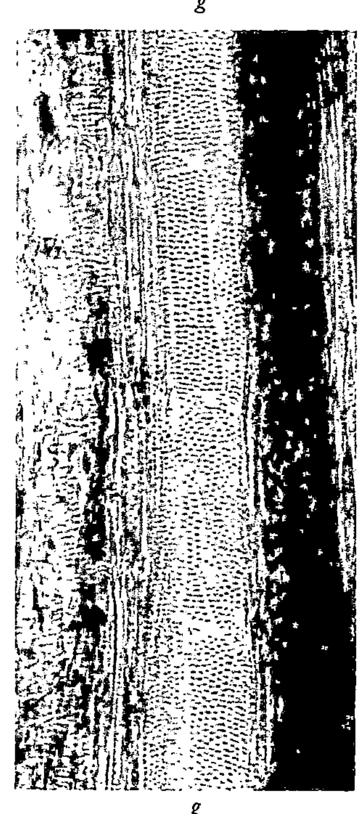


Abb. 5. Eine Gefäßröhre *g–g* der
Waldrebe im Längsschnitt (100:1)
mit den Nachbarzellen durch eine
feine Tüpfelung (Dünnstellen der
Wand) verbunden

bleiben auch Schnittblumen viel länger frisch, wenn man sie nicht
an Luft, sondern unter Wasser abschneidet). Der elektrische Leitungswiderstand von Holz ist infolge der vielen Wandhindernisse
sehr hoch; er wechselt gesetzmäßig mit dem Leitvermögen der
Tränkflüssigkeit und erreicht ein Maximum, wenn die Flüssigkeit

7

überhaupt schwindet. Auch auf diesem Wege läßt sich zeigen, daß das an der Wasserleitung beteiligte Splintholz (s. u. S. 72) wassererfüllt ist. Neben solchen unmittelbaren Beobachtungen sind aber auch Indizienbeweise nicht zu unterschätzen: Wir werden sehen, daß das Wasser in den verschiedenen Wasserleitungssystemen genau mit den Geschwindigkeiten strömt, die nach den Gesetzen über die Strömung von Flüssigkeiten in Kapillaren zu erwarten sind. Schon damit ist ausgeschlossen, daß sich die Strömung auf die submikroskopischen Räume der Wände beschränkt, während die Röhren selbst lufterfüllt sind.

## 2. Tracheiden als Vorläufer

Nicht alle Pflanzen besitzen so leicht nachweisbare Wasserleitungsröhren wie die Kletterpflanzen, welche durch den kleinen Querschnitt ihrer Stengel den gesamten Wasserbedarf nachleiten müssen und daher die Leitungssysteme zu höchster Leistungsfähigkeit entwickelt haben. Ihre Wasserleitungssysteme sind vielmehr das Endglied einer langen Entwicklung, mit der wir uns nun etwas näher beschäftigen wollen.

Durch viele Millionen Jahre war das Leben auf das Wasser beschränkt, das die Organismen mit gleichmäßiger Wärme und Feuchtigkeit sowie mit allen notwendigen Nährstoffen umgab. Als sich in der der Steinkohlenzeit (Carbon) vorausgehenden Erdperiode des Devon die ersten höher organisierten Pflanzen auf das Land wagten, brachten sie als schwer abstreifbares Erbe den noch heute fast allen Pflanzengeweben eigenen *Zellkammerbau* mit: Die lebende Substanz, das Protoplasma, wird in kleinen Einheiten allseits von schützenden Wandabscheidungen (Zellmembranen) umgeben. Freilich dürfen wir uns diese Membranen nicht als kompakte Mauern, sondern nur als ein submikroskopisches Flechtwerk vorstellen, welches den Verband der Zellen zu einem ganzheitlichen Organismus nicht unterbindet. Trotzdem stellt jede Zellwand ein Hindernis dar, das jeder Zelle ein gewisses Eigenleben sichert.

Für den kühnen Eroberer des Festlandes ergab sich nunmehr erstmals die Notwendigkeit, das ihn bisher allseits umspülende Naß wenigstens auf kleine Strecken dem oberirdischen Vegetationskörper nachzuleiten. Um den Leitungswiderstand zu verringern, streckten sich die Zellen in der Richtung der Leitung, wie das heute noch bei den Blättern des Lebermooses Diplophyllum albicans zu sehen ist, das auf diese Weise eine primitive Blattrippe entwickelt (Abb. 6). Aus dem bisher isodiametrisch-wabigen Zellnetz, das die Fachsprache „Parenchym" nennt, wird ein axial gestrecktes „Prosenchym".

Schon sehr früh gesellte sich aber bei den Nacktfarnen (Psilophyten) des Devons zu diesem ersten Schritt der Zellstreckung ein zweiter von unerhörter Kühnheit: Ein nicht minder großes, sondern im Gegenteil noch größeres Hindernis für Stoffverschiebungen als die Zellwand ist das Zellplasma; ist dieses doch als Molekülsieb so dicht gebaut, daß es Ein- und Austritt aller Stoffe in der Zelle überwachen kann („Semipermeabilität", d. h. auswählende Durchlässigkeit). Das klassische Experiment, aus dem diese wichtige Lebenserscheinung erschlossen wird, ist die Plasmolyse: Bringt man lebende Zellen in eine Kochsalz- oder Rohrzuckerlösung, so hebt sich der bisher der Wand angepreßte Protoplast von dieser ab und zieht sich zusammen (Abb. 7). Die Erscheinung beruht darauf, daß die gelösten Stoffe sehr viel

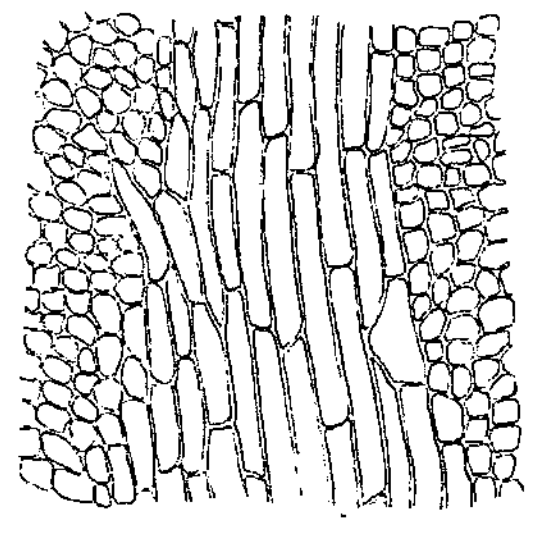

Abb. 6. Langgestreckte Zellen aus dem mittleren Teil eines Blattes des Lebermooses Diplophyllum albicans als Vorläufer eines Leitstrangs. Aus MÜLLER, Lebermoose

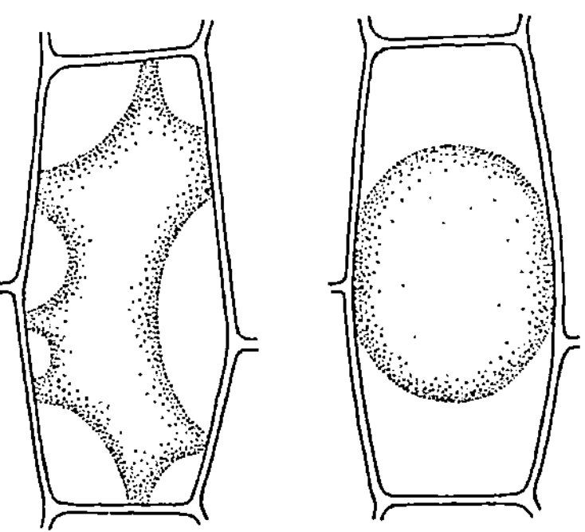

Abb. 7. Die Plasmolyse in Kochsalzlösung beginnt mit konkaven Buchten (links) und führt zu konvexer Rundung des Protoplasten (rechts). Nach STOCKER

langsamer in die Zelle eindringen, als Wasser aus ihnen austreten kann, weshalb das osmotische Gleichgewicht zwischen Außen- und Innenkonzentration zunächst durch Wasseraustritt hergestellt wird. Wenn man die Erscheinung unter dem Mikroskop beobachtet, hat man den Eindruck, daß die Plasmolyse ziemlich schnell eintritt; als man aber der Sache rechnend nachging und die beteiligten osmotischen Kräfte berücksichtigte, zeigte sich, daß der Widerstand des Plasmas auch gegenüber Wasserdurchtritt enorm ist: Unter dem Druck einer Atmosphäre passiert stündlich nur etwa $1/_{30}$ mm Wasser das dünne Plasmahäutchen, während man unter dem gleichen Druck durch ein meterlanges Stück Holz mehrere Dezimeter Wasser filtrieren kann. Erst wenn wir solche Zahlen vor Augen haben, verstehen wir, warum die Landpflanzen schon in der Devonzeit *die wasserleitenden Zellen ihres lebenden Inhaltes beraubten*, so daß sie seither als tote Bahnen inmitten der lebenden Gewebe liegen.

Diese Erfindung war allerdings nur durch eine zweite ungefähr gleichzeitige möglich: Wenn sonst einzelne Zellen inmitten anderer überlebender absterben, werden sie alsbald durch deren Pralldruck (Turgor) zusammengedrückt. Sollen tote Zellen für die Wasserleitung offenbleiben, so bedarf ihre Wand einer Aussteifung, die dem Turgor der Nachbarzellen Widerpart zu leisten vermag. Den Stoff, der den bisher elastischen Cellulosewänden diese Formfestigkeit verleiht und den wir in wasserleitenden Zellen aller höheren Pflanzen von den Moosen und Farnen aufwärts finden, heißen wir *Lignin* (= Holzstoff). Der sehr verwikkelte chemische Aufbau dieses Stoffes konnte erst nach sehr langwierigen Untersuchungen geklärt werden: Wie bei vielen Naturstoffen handelt es sich um ein Riesenmolekül (Makromolekül), das aus vielen kleineren Teilen („polymer", das heißt vielteilig) zusammengefügt wird. Während aber das gleichfalls hochpolymere Cellulose-Molekül, der Grundstoff der pflanzlichen Zellwand, einige tausend Zuckermoleküle zu einem Faden verkettet, verästelt sich das Ligninmolekül allseitig im Raume. Der Mischkörper aus zugfester Cellulose und druckfestem Lignin erhält auf diese Weise eine ähnliche Formfestigkeit wie Eisenbeton.

*Die langgestreckte, tote und verholzte einzelne Wasserleitungszelle heißen wir als Vorläufer der Trachee* (Wasserleitungsröhre) *Tracheide* (d. h. tracheenähnlich). Ihre Erfindung hat es der Pflanzenwelt nicht nur ermöglicht, das Festland zu erobern, sondern sich bis zu 100 m über ihm zu erheben. Schon die auf das Devon folgende Steinkohlenzeit (Carbon) bringt die Lebensform des Baumes

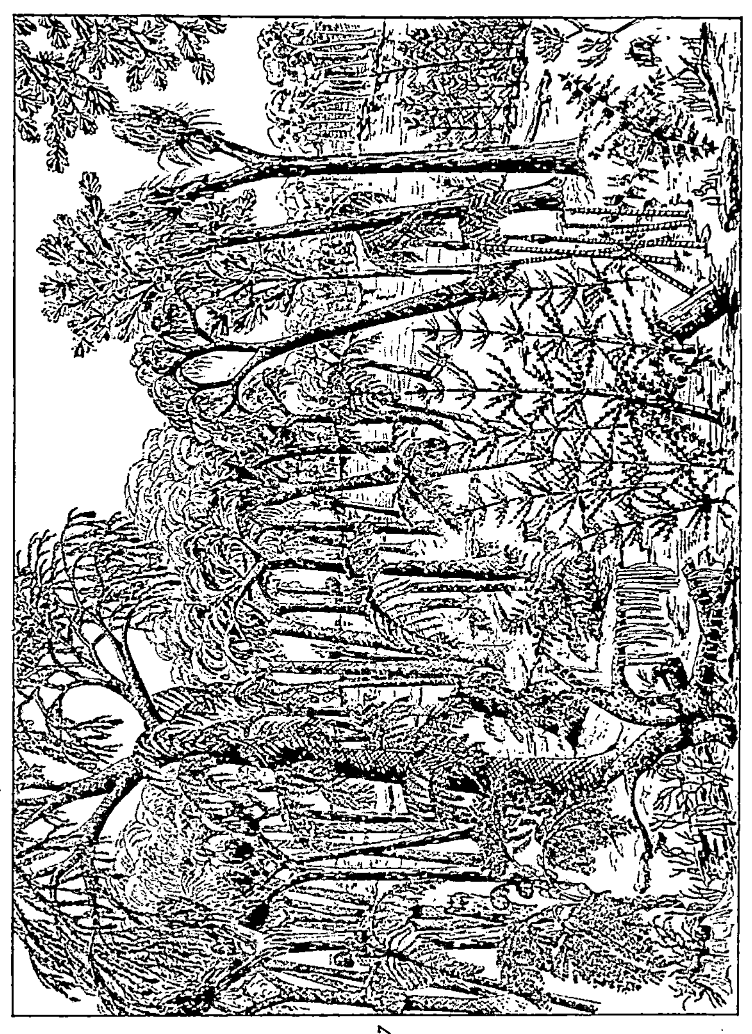


zu üppiger Entfaltung: Laubfarne, Schachtelhalme und Bärlappgewächse bringen Baumformen hervor, die mit dem Aufkommen der Blütenpflanzen wieder ausgestorben sind (Abb. 8).

Abb. 8. Sumpfwald aus der Steinkohlenzeit mit bis 30 m hohen Bärlappgewächsen (3 u. 4), verzweigten und unverzweigten Schachtelhalmen (2 u. 1) und baumförmigen Laubfarnen (7). Nach MÄGDEFRAU

Noch heute repräsentieren die Nadelhölzer einen vorweltlichen
Pflanzentyp, der mit einem Wasserleitungssystem aus Tracheiden

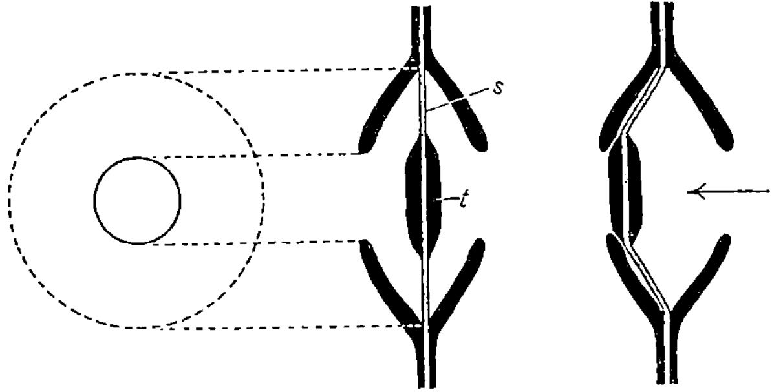

Abb. 9. Hoftüpfel in Flächenansicht (links) und Schnitt (mitte und rechts). Der
Torus *t* legt sich bei einseitigem Überdruck durch Dehnung der Schließhaut *s*
der Ausmündungsöffnung an. Nach STOCKER

arbeitet. Die Gründe, die diesem Typ gegenüber dem der Tra-
cheenhölzer (Laubbäume) in nördlichen Zonen noch heute eine
Überlegenheit sichern, wer-
den uns später beschäfti-
gen (S. 70).

Die Tracheiden treten
gebündelt (Leitbündel),
vielfach sogar in geschlossenen Holzkörpern auf.
Der Engpaß für ihre Was-
serleitungsaufgabe (die sie
vielfach mit der mechani-
schen Funktion, die Krone
ans Licht zu tragen, ver-
binden) ist das Querwand-
hindernis. Es kann durch
Zellstreckung nicht über
ein gewisses Maß hinaus-
geschoben werden (25 mm
bei den ausgestorbenen

Abb. 10. Aufhängung des Hoftüpfeltorus
an Radialfibrillen. Nach einer elektronenmikroskopischen Aufnahme von LIESE u.
JOHANN (7500:1)

Medullosen, 2 bis 5 mm bei den rezenten Nadelhölzern). Durch
starke Neigung der zugeschrägten Enden wird das Hindernis

weiter verringert (Vergrößerung der Durchtrittsfläche). Entscheidend erleichtert aber wird der Durchtritt durch eine überaus auffällige Struktur, für welche die alten Autoren die absonderliche Bezeichnung „*Hoftüpfel*" (bordered pit, ponctuation auréolée) eingeführt haben (Abb. 9). Es handelt sich um einen eigentümlichen Kompromiß zwischen den Forderungen der Stoffleitung und der Festigkeit: Zur Erleichterung des Stoffdurchtritts bleiben viele pflanzliche Zellwände an scharf umschriebenen Stellen unverdickt; wo solche Dünnstellen gehäuft auftreten, erscheinen die Wände bei schwacher Mikroskopvergrößerung in der Aufsicht wie punktiert („getüpfelt"). Im Holze werden nun diese zarten Dünnstellen, die Schließhäute des Tüpfels, meist beiderseits durch einen Hof blendenartiger Verdickungswülste me-

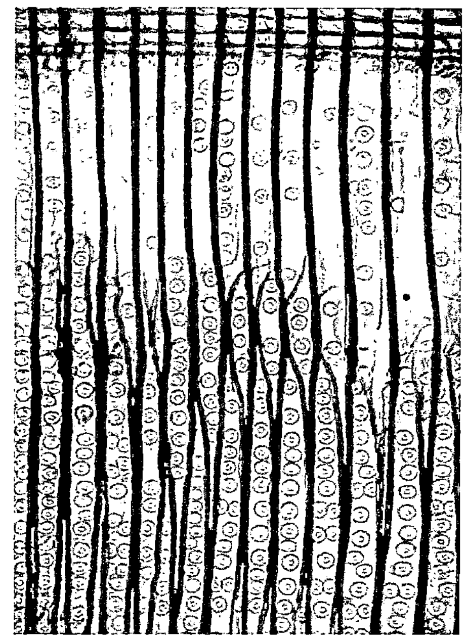

Abb. 11. Auf radialen Längsschnitten durch Kiefernholz häufen sich die Hoftüpfel an den Enden der Tracheiden, während sie dazwischen viel spärlicher auftreten. 100:1

chanisch geschützt. Wo dieser Ringwulst in der Mitte eine „Ausmündungsöffnung" freiläßt, ist dafür die sonst dünne Schließhaut des Tüpfels scheibenförmig verdickt („Torus"). Die Scheibe ist so bemessen, daß sie sich bei einseitigem Druck der Ausmündungsöffnung anlegt und den Tüpfel verschließt. Bei der Verkernung der aus der Wasserleitung ausgeschiedenen Tracheiden (s. u. S. 71) pflegt dieser Verschluß in eine bleibende Verklebung überzugehen, was einen starken Abfall der Wasserleitfähigkeit zur Folge hat.

Das Elektronenmikroskop läßt den ohnedies reichlich komplizierten Feinbau der Hoftüpfel noch wunderbarer erscheinen (Abb. 10): Der Torus ist an etwa 180 Radialfäden aufgehängt, zwischen denen verhältnismäßig große radiale Spalträume von Tracheide zu Tracheide führen. Da die Hoftüpfel an den Endwänden stark gehäuft auftreten (Abb. 11), kommt so eine recht hohe Wasserleitfähigkeit zustande (über diese Wasserleitfähigkeit vgl. S. 59).

### 3. Tracheen als Vollendung

Und doch ist man versucht, bei der Hoftüpfelung der Tracheiden von einem unnützen Aufwand zu sprechen, wenn man die unvergleichlich einfachere Lösung betrachtet, welche das Weglösen der Querwände und damit die Verschmelzung der Wasserleitungszellen zu durchlaufenden Röhren (Tracheen) bedeutet. Auch diese Erfindung ist — ohne ersichtlichen Grund — eng mit einer der einschneidendsten in der Entwicklung der Pflanzenwelt gekoppelt, der *Bedecktsamigkeit* (Angiospermie), d. h. der Besitz von Tracheen ist im wesentlichen ein Vorrecht und eine Errungenschaft der Angiospermen.

Zum Verständnis dieser bedeutsamen Zusammenhänge müssen wir etwas weiter ausholen: Es ist allgemein bekannt, daß verschiedene Tiergruppen, zuletzt und in höchster Vollendung die Säugetiere davon abgekommen sind, ihre Fortpflanzungszellen den Gefahren der Umwelt zu überantworten, also Eier zu legen; sie verlegen vielmehr die erste Entwicklung des neuen Lebewesens in den Schutz des Mutterleibes. Bei der Geburt tritt dann ein bereits mehr oder weniger weit differenziertes Lebewesen ans Licht der Welt. Eine ganz ähnliche Entwicklungslinie hat auch im Pflanzenreich dazu geführt, daß alle höheren Pflanzen nicht mehr einzellige Sporen ausstreuen wie Moose und Farne, sondern auf der Mutterpflanze junge Pflänzchen mit den ersten Blättern, Sproß- und Wurzelanlagen ausbilden und — vielfach in besonderem Nährgewebe eingebettet — als Samen abgliedern. Dieser Schritt von der Sporen- zur Samenpflanze wurde in der Steinkohlenzeit unabhängig bei verschiedenen Gruppen von Farnpflanzen vollzogen, von denen die meisten inzwischen wieder ausgestorben sind. Anders als bei der gleich zu besprechenden

Entwicklung der Angiospermen (Bedecktsamer) blieb aber die Entstehung der Samen ohne nennenswerte Auswirkung auf die übrige Organisation der Pflanze. Bei vielen „Farnen" des Carbons vermag nur der konkrete Fund zu entscheiden, ob sie Sporen oder Samen hervorbrachten. Wir kennen alle Übergänge von der Sporen- zur Samenpflanze, und das Gemeinsame (Heterosporie, Bau der Eizellbehälter, Spermatozoidbefruchtung noch bei CYCAS und GINKYO, im Vegetativen der gemeinsame Besitz von Tracheiden und Spaltöffnungen, gegenüber den Moosen auch der Besitz echter Wurzeln) scheint uns Heutigen das Trennende beinahe zu überwiegen. Trotzdem war es eine der größten Taten der vergleichenden Morphologie auf botanischem Gebiete, als 1851 WILHELM HOFMEISTER, dem wir auch mit Abstand die frühesten Abbildungen von Kernteilung und Chromosomen verdanken (Botanische Zeitung 6, 1848, Tafel IV), die Homologie zwischen Farnpflanzen und Nacktsamern erkannte. Hatte doch das Linnésche System die Cryptogamen (d. h. Verborgenehigen, deren Sexualvorgänge damals noch nicht bekannt waren) den Phanerogamen (= Öffentlichehigen, das sind die Samen- oder Blütenpflanzen) schroff gegenübergestellt.

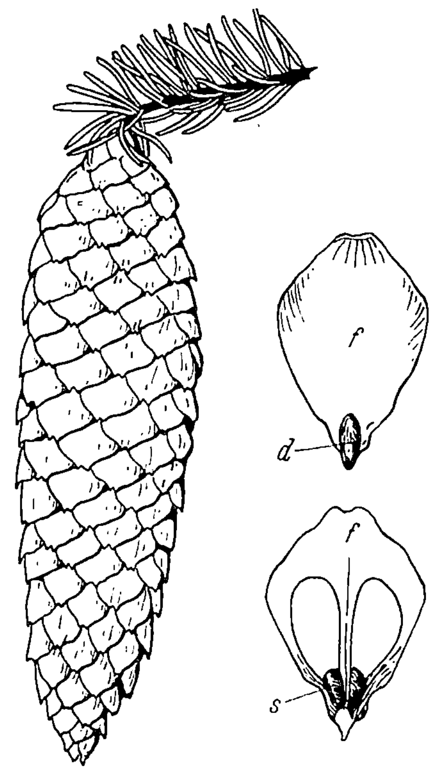

Abb. 12. Bei der nacktsamigen Fichte liegen die beiden geflügelten Samen (*s*) zwar nackt auf der Oberseite der Fruchtschuppe f (rechts unten), sind aber durch die dichte Stellung der Schuppen am Zapfen (links) ausreichend geschützt

Gemessen an der Bedeutung des Fortschritts von der Sporen- zur Samenpflanze, erscheint nun der Schritt vom Nacktsamer zum Bedecktsamer biologisch untergeordnet. Es ist ja nicht so, daß die Nacktsamer (Gymnospermen) ihre Samen etwa ungeschützt trügen. Ein Blick auf den Fichtenzapfen beweist uns sofort das Gegenteil (Abb. 12): Wohl liegen die beiden geflügelten Samen frei auf der Oberseite der Fruchtschuppe; dafür sind aber die Schuppen so dicht angeordnet, daß jeder Samen durch die nächstobere Fruchtschuppe ausreichend geschützt ist, bis zur Zeit der Reife die Schuppen spreizen und die Samen zum Fluge freigeben. Beim Bedecktsamer schlägt dagegen zunächst jedes einzelne Fruchtblatt über den Samen schützend zu einem Frucht-*knoten* zusammen, wie wir das in denkbar einfachster Weise bei unserer Sumpfdotterblume oder der Pfingstrose, auch noch der Akelei und dem Rittersporn beobachten können (Abb. 13).

Und trotzdem ist das Auftreten der Angiospermen das umwälzendste Ereignis in der Geschichte unserer Pflanzendecke seit der Entstehung der Landflora. Das beruht aber bestimmt nicht auf dem morphologisch und biologisch wenig bedeutsamen Übergang von der Nackt- zur Bedecktsamigkeit, sondern auf dem Umstand, daß diesmal das Ereignis mit anderen wichtigen Veränderungen in der vegetativen und der Fortpflanzungssphäre gekoppelt auftritt. Ähnlich wie uns in der Geschichte der Menschheit die Renaissance durch eine Fülle von Höchstleistungen auf den verschiedensten Gebieten in Staunen versetzt, so überraschen die Angiospermen gleich bei ihrem ersten Auftreten durch entscheidende Errungenschaften auf verschiedenen Gebieten:

Auf vegetativem Gebiete ist es der *Erwerb der Tracheen als durchlaufender Wasserleitungsröhren*. Wir werden in späteren Kapiteln auch zahlenmäßig belegen, wie sehr diese Erfindung den Wassernachschub erleichtert und beschleunigt. Verfasser ist überzeugt, daß dieser Selektionsvorteil zur Eroberung des Festlandes, zumal der Tropen, durch die Angiospermen viel mehr beigetragen hat als die Angiospermie. Unter diesem Gesichtspunkt verdienten die Angiospermen vielleicht besser Tracheophyten (Tracheenpflanzen) genannt zu werden.

Neben dieser Errungenschaft auf vegetativem Gebiete kann aber eine fast gleichzeitige in der Biologie der Fortpflanzung gar nicht hoch genug veranschlagt werden: *die Heranziehung der Tier-welt, vorab der Insekten, in den Tropen aber auch von Vögeln, Fleder-mäusen und anderen Säugern an Stelle des Windes zur Übertragung des Blütenstaubes und damit zur Befruchtung.* Diese individuelle Bedienung an Stelle mechanischer Zufallsstreuung ermöglicht einen bisher undenkbaren Artenreichtum und sichert verborgenen Seltenheiten wie den Orchideen ihre Existenz. Es ist hauptsächlich der Tierbestäubung zu verdanken, wenn heute wenig über

Abb. 13. Beim Rittersporn und anderen „Vielfrüchtlern" (Polycarpicae) faltet sich jedes einzelne Fruchtblatt an der Mittelrippe zu einem geschlossenen Fruchtknoten (links); die randständigen Samen werden erst frei, wenn die reife „Balgkapsel" an der Bauchnaht aufplatzt (rechts)

1000 verschiedenen Nacktsamern (darunter etwa 200 Kiefern-arten) mindestens eine halbe Million verschiedener Bedecktsamer gegenüber steht. Auf der anderen Seite ist es verständlich, daß sich Massenvegetationen wie die der Gräser und der artenarmen Wälder der gemäßigten Zone auch heute noch vorwiegend und mit Erfolg der Windbestäubung bedienen, ja daß manche Angiospermen nachweislich sekundär zur Windbestäubung zurück-gekehrt sind.

Die Dramatik im Auftreten der Angiospermen wird noch durch den Umstand gesteigert, daß sie so unvermittelt in Erscheinung treten: Wo in unserem Gebiet nach den Meeresablagerungen der Trias, des Jura und der unteren Kreide wieder Landfloren greifbar werden, sind die Angiospermen schlagartig mit ihrer ganzen Formenfülle da: Ein- und Zweikeimblättrige, Frei- und Verwachsenkronige, Kätzchenblütler und Vielfrüchtler (Polycarpicae) aus dem Verwandtschaftskreis der Magnolien. Niemand weiß, wo sie entstanden sind und wer ihre Vorläufer waren. Immerhin mehren sich die Anhaltspunkte, daß die Inselwelt um Australien die Wiege der Angiospermen gewesen sein könnte.

Die Errungenschaften der Angiospermen, von denen wir gesprochen haben, stehen nämlich doch nicht so ganz unvermittelt da; wir finden vielmehr auch heute noch Typen, welche durch urtümliche Merkmale einige Anhaltspunkte über die mutmaßlichen Vorfahren der Angiospermen, die hypothetisch zu fordernden Protangiospermen vermitteln. Vergeblich war bisher freilich die Suche nach den Vorläufern der Bedecktsamigkeit. Man hat lediglich eine Gruppe von Samenfarnen gefunden, welche Neigung zeigt, die die Sporangien tragenden Blattabschnitte einzurollen; man glaubt aber heute nicht mehr, daß es sich dabei um wirkliche Vorläufer der Angiospermen handelt. Auch die Geschichte der Insektenblütigkeit ist strittig, weil die Meinungen der Autoren noch immer auseinandergehen, wieweit die zahlreichen windblütigen Kätzchenblütler (z. B. Birken- und Buchengewächse) ursprünglich oder nur durch Rückbildung (sekundär) windblütig sind. So tritt in der modernen Diskussion über die Abstammung der Angiospermen die Gefäßentwicklung an erste Stelle. Mit dieser kehrt unsere Betrachtung nach einer notwendigen Abschweifung wieder zu unserem engeren Thema zurück.

Um noch einmal kurz zu wiederholen, gehen die Tracheen aus einzelnen Tracheiden durch mehr oder weniger weitgehende

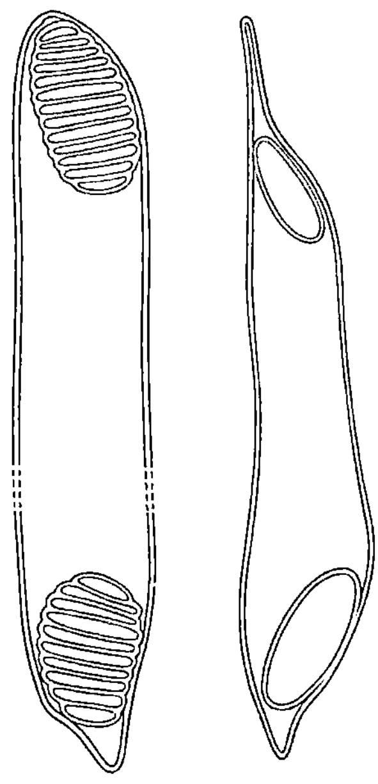

Abb. 14. Links leiterförmige, rechts einfache Gefäßdurchbrechung, 200:1. Nach GREGUSS

Auflösung der Querwände hervor; die Einzelzellen verschmelzen auf diese Weise zu durchlaufenden Röhrensystemen. Schon frühzeitig hat man dabei zwei Stufen der Gefäßverschmelzung auseinander gehalten:

1. Bei einer primitiveren Form bewahren die „Gefäßglieder" noch die Länge der Tracheiden und legen stark schräge Endwände an, die dann durch eine Reihe übereinanderliegender und durch Membranspangen getrennter Poren durchbrochen werden (*leiterförmige Gefäßdurchbrechung*; Abb. 14 links).

2. Der zweite, fortgeschrittenere Typ besitzt wesentlich kürzere Gefäßglieder, legt die Querwände ziemlich senkrecht zur Achse an und löst diese bis auf eine schmale Randleiste auf (*einfache Gefäßdurchbrechung*; Abb. 14 rechts).

Erst dieser Typ führt die Zellverschmelzung wirklich

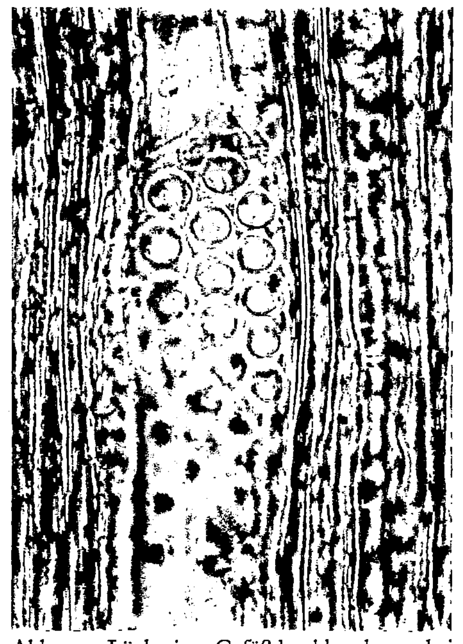

Abb. 15. Löcherige Gefäßdurchbrechung bei der Gymnospermengattung Ephedra, 400:1. Nach HUBER u. ROUSCHAL

konsequent durch, indem er auf die nun sinnlos gewordene Zellstreckung und Wandneigung verzichtet. Nach einer über 1200 Gattungen umfassenden Statistik des Imperial Forestry Institute Oxford findet sich die primitivere leiterförmige Gefäßdurchbrechung nur bei etwa einem Zehntel der Gattungen, besonders reichlich in den primitiven Formenkreisen der Vielfrüchtler (Polycarpicae) und Kätzchenblütler (Amentales), gelegentlich aber auch noch hoch im System, etwa bei den Geißblattgewächsen

(Caprifoliaceae). In vielen Formenkreisen besitzen die ursprüng-
licheren Typen leiterförmige, die abgeleiteten einfache Gefäß
durchbrechung.

Es war nun kaum zu erwarten, daß der Erwerb der Tracheen
zeitlich genau mit dem Übergang zur Bedecktsamigkeit zusam-
menfällt. In der Tat hat genauere Sichtung gezeigt, daß bereits in
der Gymnospermenklasse der Gnetales, von der in Europa nur das schachtelhalm-
ähnliche Sträuchlein Ephedra bis in die Trockengebiete des Wallis und Vintsch-
gau vorkommt, Gefäßdurchbrechungen auftreten (Abb. 15): An den geneigten
Endwänden dieser auch durch primitive Insektenbestäubung ausgezeichneten
Pflanzen werden zunächst Tüpfelfelder angelegt, aber dann nicht zu Hoftüpfeln
ausgestaltet, sondern aufgelöst, so daß eine löcherige („foraminate") Gefäßdurchbrechung entsteht. Die Fähigkeit zu solch örtlicher Auflösung der Wände
reicht stammesgeschichtlich sogar noch viel weiter zurück und wird durch einen
abweichenden Chemismus solcher Wand-stellen vorbereitet. Sie diente ursprünglich — und zwar schon bei Wasserpflanzen — der Entleerung von Schwärm-
sporen; bei Moosen tritt sie dann erstmals in toten Wasserspeicherzellen auf, deren
Entleerung sie durch offene Verbindung mit der Außenluft erleichtert (Abb. 16).

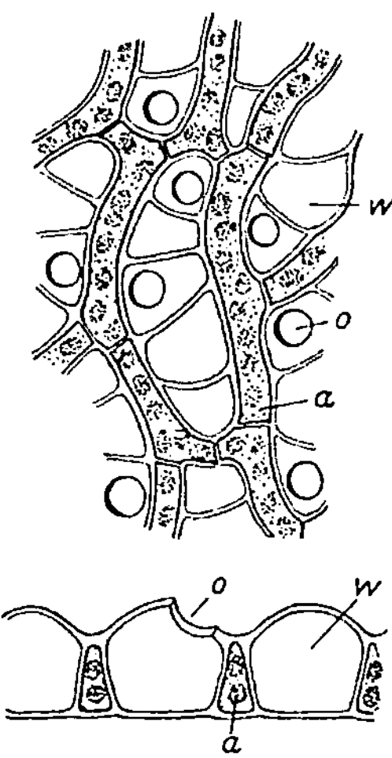



Abb. 16. Bereits die toten Wasserspeicherzellen (*w*) des Torfmooses Sphagnum besitzen Löcher (*o*), welche durch Lufteintritt eine Entleerung der Wasservorräte zu Gunsten der grünen Assimilationszellen (*a*) ermöglichen. Nach STOCKER

Auf der anderen Seite sind bis heute 11 Angiospermengattungen
bekannt geworden, deren Holz keine Tracheen besitzt, sondern wie
das der meisten Gymnospermen aus Tracheiden aufgebaut ist
(Abb. 17). Alle diese Gattungen gehören dem Formenkreis der
Polycarpicae an, die man auch aus anderen Gründen (besonders des
Fruchtknotenbaues) schon lange für die primitivsten Angiospermen
hielt. Sieben von diesen 11 Gattungen kommen in dem Australien
vorgelagerten Neukaledonien vor, 3 sind sogar dort endemisch

(auf diese Insel beschränkt). Das ist der Grund, warum man neuerdings die Wiege der Angiospermen in diesem Gebiete sucht.

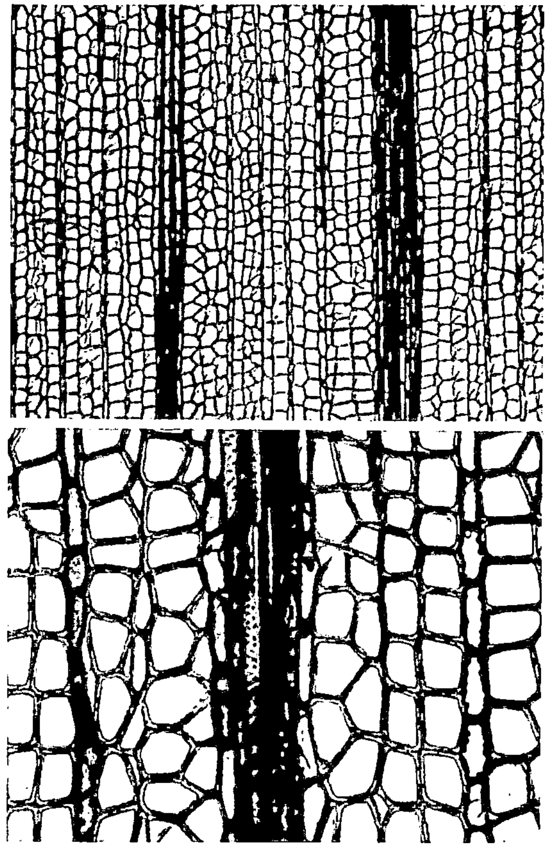

Abb. 17. Das Holz des südamerikanischen Magnoliengewächses Drimys Winteri besitzt keine Tracheen, sondern ist wie das der Nacktsamer aus Tracheiden aufgebaut, unterscheidet sich aber durch breitere Markstrahlen. Querschnitt oben Übersicht 50:1, unten Auschnitt 150:1

## B. Chemische Zusammensetzung

Jahrzehntelang stand das Kräftespiel des aufsteigenden Saftstromes, das uns erst in den nächsten beiden Abschnitten beschäftigen wird, so ausschließlich im Vordergrund des Interesses,

21

daß demgegenüber die Frage der chemischen Zusammensetzung völlig vernachlässigt wurde. Die Lehrmeinung begnügte sich mit der Annahme, daß aus dem Boden eine nur unwesentlich veränderte Bodenlösung aufsteige. Für diese hatte TH. HARTIG die Bezeichnung *Rohsaft* vorgeschlagen, zum Unterschied vom stark veränderten *Bildungssaft*, der aus den Blättern abwärts strömt (über die Zusammensetzung des letzteren vgl. u. S. 94 ff.).

Erst in den letzten Jahren ist man dabei, Versäumtes nachzuholen, und die chemische Erforschung der beiden Saftströme ist zu einem Schwerpunkt des ganzen Arbeitsgebietes geworden. Dabei sind auch bezüglich des Chemismus des aufsteigenden Saftstromes Gesichtspunkte zutage getreten, mit denen wir uns vertraut machen wollen, ehe wir uns mit der Mechanik der Strömung auseinandersetzen.

In gewissen Fällen bietet sich der Inhalt der Gefäßbahnen leicht in größeren Mengen zur chemischen Analyse an. Der bekannteste Fall ist die *Frühjahrsblutung der Bäume:* Wenn nach dem Auftauen des Bodens die Wurzeln zu arbeiten anfangen, ehe sich das Laub entfaltet hat und transpiriert, steigt der Saft im Holzkörper unter Druck empor und tritt aus natürlichen Öffnungen oder künstlichen Wunden in großen Mengen aus. Am ergiebigsten ist diese Blutung bei der Birke, wo *ein* Baum im Laufe eines Frühjahrs etwa 50 Liter Birkenwasser liefern kann. Im Grunde um dieselbe Erscheinung handelt es sich, wenn bei krautigen Pflanzen nach feuchten Nächten, in denen die Transpiration zum Erliegen kam, der in den Gefäßen aufsteigende Saft aus vorgebildeten „Wasserspalten" ausgepreßt wird. (Näheres S. 45 ff.) Man nennt diese weitverbreitete Erscheinung *Guttation*. Natürlich handelt es sich hier um viel kleinere Flüssigkeitsmengen als bei Bäumen.

Die Zusammensetzung solcher Blutungssäfte entspricht insofern der Erwartung, als sie meist stark verdünnt sind: Beim Bluten des Weinstockes, der um diese Zeit zurückgeschnitten zu werden pflegt, wird der Trockenrückstand mit wenigen Promille, bei der Birke mit 1 bis 2% angegeben, beim amerikanischen Zuckerahorn kann er allerdings 5% erreichen. Der Lehre vom „Rohsaft" widerspricht aber der Gehalt an organischen Stoffen, der sich schon ohne jede Analyse einfach dadurch zu erkennen gibt, daß diese Säfte beim Stehen alsbald in Gärung übergehen.

Durch chemische Analyse lassen sich in der Tat neben den erwarteten Mineralsalzen des Bodens verschiedene Zucker (beim Zuckerahorn bis zu 5 % Rohrzucker), in Spuren aber auch organische Stickstoffverbindungen (Aminosäuren, Säureamide u. a.) nachweisen. Das rührt offenbar daher, daß bei der Frühjahrsmobilisierung die Gefäßbahnen des aufsteigenden Saftstromes auch zum Transport von Reservestoffen aus den Speicherorganen (Wurzeln, Rinden- und Holzparenchym) herangezogen werden. Die lebenden Zellen werden um diese Zeit gegenüber den Gefäßbahnen irgendwie durchlässig (wahrscheinlich handelt es sich sogar um eine aktive Sekretion) und so treten hier Stoffe auf, welche wir normalerweise nur in den Siebbahnen des Assimilatstromes finden (vgl. S. 94 ff.).

Um über die normale Zusammensetzung des Transpirationsstromes Aufschluß zu erhalten, müssen wir daher den Gefäßinhalt außerhalb der Zeit der Frühjahrsblutung zu gewinnen suchen. Das ist deswegen schwieriger, weil er dann nicht

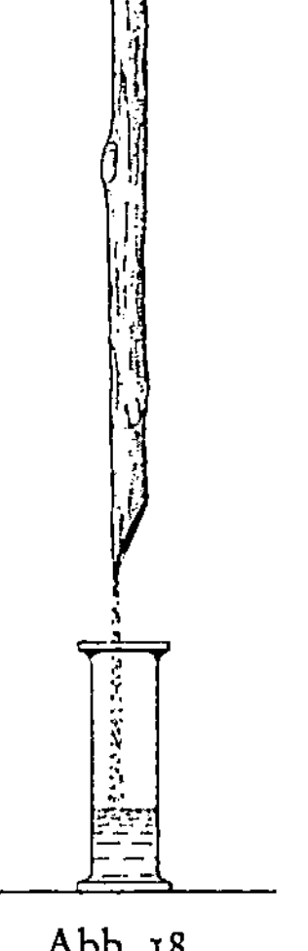

Abb. 18.

Abb. 18. Aus dem frisch abgeschnittenen Stück eines Lianenstammes strömt in das untergestellte Gefäß reichlich klares, trinkbares Wasser. Nach MOLISCH

unter Druck steht und spontan austritt, sondern im Gegenteil von starken Saugkräften festgehalten wird. Lediglich bei Lianen sind die Bahnen so weit, die Kapillarkräfte dementsprechend so gering, daß aus beiderseits geöffneten Sproßstücken beträchtliche Mengen von Gefäßwasser ausfließen (Abb. 18). In anderen Fällen muß man schon Preßluft zu Hilfe nehmen; aus dem Tracheidenholz der Nadelbäume läßt sich Gefäßwasser sogar nur durch eine möglichst gut unterscheidbare Schubflüssigkeit verdrängen (das ziemlich umständliche Verfahren soll hier nicht weiter geschildert werden).

So gewonnenes Gefäßwasser ist nun in der Tat eine stark verdünnte Elektrolyt- (= Mineralsalz-) Lösung. Die Gesamtkonzentration, die sich am besten mit Hilfe des elektrischen Leitvermögens prüfen läßt, liegt in der Größenordnung 0,1—0,01 %.

Diese Konzentration unterliegt gesetzmäßigen tagesperiodischen Schwankungen in dem Sinne, daß die Konzentrationen bei stärkerer Transpiration sinken, bei schwächerer steigen: *Je rascher der Strom, desto verdünnter wird er*, wie das bei einer Filterwirkung der Wurzel zu erwarten ist.

Diese Dinge sind in den letzten Jahren bis in feinste zahlenmäßige Einzelheiten durchforscht worden. Das war notwendig, um endlich Klarheit darüber zu gewinnen, wieweit der Tran-

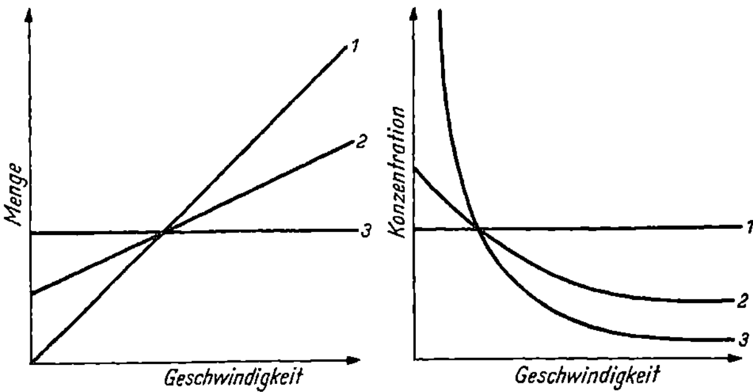



Abb. 19. Schema der möglichen Beziehungen zwischen der Geschwindigkeit des Transpirationsstromes (Abszisse) und Menge (links) bzw. Konzentration (rechts) der beförderten Salze (Ordinaten). Nähere Erklärung im Text. Nach HUBER

spirationsstrom über den bloßen Ersatz des verdunsteten Wassers hinaus der Nährsalzversorgung zugute kommt. Auch wir wollen uns wenigstens mit dem Grundsätzlichen dieser Fragestellung vertraut machen, wobei wir uns einer schematischen Darstellung bedienen (Abb. 19): In der Lehrmeinung des vorigen Jahrhunderts galt eine straffe Korrelation zwischen Transpiration und Mineralstoffversorgung als selbstverständlich. Man übersah die Filterwirkung der lebenden Wurzel und rechnete trotz mancher gegenteiliger Anhaltspunkte (Aschenanalysen) damit, daß in den Gefäßen eine nur wenig veränderte Bodenlösung aufsteige. Unter dieser Voraussetzung ist die vom Transpirationsstrom mitgeführte Salzmenge seiner Geschwindigkeit proportional (Fall 1 der Abb. 19). In den Zwanzigerjahren unseres Jahrhunderts entdeckte dann die amerikanische pflanzenphysiologische Schule (MUENSCHER 1922, später hauptsächlich HOAGLAND, der ein Werk

„The mineral nutrition of plants" geschrieben hat[1]) die Erscheinung der *aktiven Salzaufnahme* der Wurzeln: Auch abgeschnittene Wurzelsysteme, die man inzwischen in vitro zu kultivieren gelernt hatte, nehmen Mineralstoffe auf, und zwar nicht nur bis zum osmotischen Gleichgewicht, sondern in deutlicher Bindung an Atmungsvorgänge („Salzatmung") besonders aus verdünnten Lösungen auch erheblich über die Außenkonzentration hinaus.

Unter dem Eindruck dieser Entdeckung war die Schule HOAGLANDS geneigt, jede Bedeutung der Transpiration für die Salzaufnahme zu leugnen: Die Transpiration soll infolge der Filterwirkung des Protoplasmas praktisch reines Wasser saugen, die Salze sollen davon ganz unabhängig in dem geschilderten aktiven Vorgang aufgenommen werden. Träfe diese Ansicht zu, so müßte der Transpirationsstrom — und zwar proportional — um so verdünnter sein, je schneller er fließt (Fall 3 der Abb. 19).

Es war ein schöner Erfolg, als 1936/37 zunächst mit Hilfe in den Stamm eingeschlagener Elektroden tagesperiodische Konzentrationsschwankungen des Transpirationsstromes in dem von HOAGLAND geforderten Sinne nachgewiesen werden konnten. Die weitere Verfolgung dieser Versuche zeigte aber dann, daß der Verdünnungseffekt mit der Transpirationssteigerung nicht Schritt hält: Bei unserer Waldrebe (Clematis vitalba), bei der das Gefäßwasser, wie oben berichtet, besonders leicht zu gewinnen ist, sinkt um die Mittagsstunden die Konzentration auf etwa $^1/_3$ des nächtlichen Höchstwertes, während die Transpiration auf das 10fache ansteigt. Das Produkt Geschwindigkeit mal Konzentration ist also nicht konstant (Fall 3), sondern wächst mit der Geschwindigkeit (Fall 2 der Abb. 19). *Die Transpiration fördert also die Nährsalzversorgung; diese steht aber auch ohne Transpiration nicht still, sondern geht abgeschwächt weiter; sie ist die Summe einer der Transpiration folgenden passiven und einer an Atmung gebundenen aktiven Aufnahme.*

Damit klärt sich auch die Frage, ob die Konzentration des Transpirationsstromes kleiner oder größer ist als die der Bodenlösung

---

[1] In dieser gemeinverständlichen Darstellung soll im allgemeinen auf Zitate verzichtet werden. Bei einigen klassischen Experimenten, besonders aber in kritischen Fragen soll dem Leser durch Nennung der Autoren zum Bewußtsein gebracht werden, daß naturwissenschaftliches Wissen nicht geoffenbart, sondern von Forschern erarbeitet ist, welche unserem Lehrgebäude vielfach den Stempel ihrer Persönlichkeit aufgedrückt haben.

(die wenigen empirischen Befunde lauten widersprechend): Wenn bei schwacher Transpiration die aktive Salzaufnahme überwiegt, können höhere Konzentrationen erreicht werden als im Boden; bei lebhafter Transpiration überwiegt aber der Filtereffekt und die Konzentration sinkt unter die der Bodenlösung. In der Natur dürfte letzteres häufiger der Fall sein. Auch die Konzentration des Guttationswassers, die bei Getreidesämlingen über große Konzentrationsbereiche der Nährlösung geprüft wurde, liegt — von ganz niedrigen Außenkonzentrationen abgesehen — unter der Außenkonzentration.

Nach der Gesamtkonzentration verdienen nun noch einzelne Bestandteile eine kurze Betrachtung: Eine so stark verdünnte Lösung ist natürlich weitgehend elektrolytisch gespalten, enthält also Kationen wie Kalium, Natrium, Ammonium (einwertig), Calcium und Magnesium, (zweiwertig) und Anionen (Nitrat, Carbonat, Sulfat, Phosphat, Chlorid). Die Gesamtreaktion liegt im Gegensatz zum Siebröhrensaft (S. 96) im schwach sauren Bereich. Ob die Zusammensetzung unterwegs gleich bleibt oder durch auswählende Entnahmen Veränderungen erfährt, bedarf noch der Untersuchung.

Ohne Zweifel stellt der Transpirationsstrom eine relativ stark mit *Kohlensäure* angereicherte Lösung dar: Schon die Bodenlösung ist ja durch die Tätigkeit der Mikroorganismen mit Kohlensäure gesättigt; auch auf seinem weiteren Wege fließt das Gefäßwasser in Wurzel und Sproß an atmenden Geweben entlang. So nimmt es nicht wunder, daß in der im Holzkörper eingeschlossenen Luft bis zu 26% Kohlendioxyd (gegen nur 0,03% in der freien Luft) und nur 5% statt 20% Sauerstoff festgestellt sind. Der Kohlensäure- und Sauerstoffgehalt des Gefäßwassers muß mit diesen Mengen einigermaßen im Gleichgewicht stehen. Es liegt daher die Frage nahe, ob die Lehrmeinung nicht falsch schematisiert, wenn sie den Kohlenstoff der grünen Pflanze ausschließlich aus der Luft stammen läßt. Nährlösungsversuche beweisen in dieser Hinsicht wenig; denn wenn auch keine Carbonate und Bicarbonate zugesetzt werden, so sind doch Luft- und Atmungskohlensäure bei der üblichen Versuchsanstellung nicht ausgeschlossen. Es ist auch nicht einzusehen, wie die Pflanze aus der Luft über die Spaltöffnungen aufgenommene Kohlensäure

von einer im Transpirationsstrom mitgeführten unterscheiden
sollte. Versuche mit Radiocarbon haben nun in der Tat bestätigt,
daß die grüne Pflanze aus dem Boden aufgenommene Kohlensäure genau so assimiliert wie solche aus der Luft. Trotzdem
haben die gleichen Versuche gezeigt, daß mengenmäßig die von
den Blättern aus der Luft aufgenommene Kohlensäure die über
den Stengel zugeführte weitaus überwiegt. Im Höchstfall konnten in den Assimilaten 18%, im Durchschnitt aber nur 5%
Bodenkohlensäure nachgewiesen werden, so daß die alte Lehrmeinung neu gesichert dasteht. Die Kohlensäureversorgung über
den Transpirationsstrom wäre völlig unzureichend und würde
nur Bruchteile unserer gewohnten Ernten ermöglichen (unsere
Ernten legen täglich den Kohlensäurevorrat einer fast 10 m
mächtigen Luftschicht fest; den Nachschub besorgt die atmo-
sphärische Turbulenz).

Während der Kohlensäurereichtum des Transpirationsstromes
eine freilich bescheidene Zubuße für die Assimilation der Blätter
bedeutet, muß seine *Sauerstoffarmut* die Atmung der am Wege
liegenden Gewebe hemmen. Es ist bezweifelt worden, ob die
lebenden Zellen des Holzes und des Cambiums überhaupt aerob
atmen können oder nicht vielmehr anaerob gären müssen. Das
Aufflammen der Atmung bei Entrindung stützt diese Vermutung.
Wahrscheinlich spielt das Sauerstoffgefälle von der Oberfläche
zum Inneren des Pflanzenkörpers auch bei der Gewebedifferen-
zierung eine bedeutsame Rolle.


## C. Geschwindigkeit

### 1. Untersuchungsmethoden

Ein Lieblingsgebiet der gesamten Saftstromphysiologie ist die
Bestimmung der Geschwindigkeiten. Wie schon spielende Knaben
an nichts so viel Freude haben, als wenn sich etwas bewegt, so
zieht auch den Forscher das an den tierischen Blutkreislauf ge-
mahnende Strömen im Innern des Pflanzenkörpers immer wieder
besonders an. Während aber der Blutstrom in den Kapillaren an
Hand der mitgeführten Blutkörperchen unmittelbar beobachtet
werden kann, ist das beim pflanzlichen Transpirationsstrom als

reiner Flüssigkeits- oder richtiger Lösungsströmung nicht möglich. Es ist aber nicht schwer, den Strom so zu markieren, daß sich sein Fortschreiten verfolgen läßt. Die Beigabe markierender Stoffe wird dabei durch den Umstand erleichtert, daß sich die Strömung in den toten Gefäßbahnen abspielt, welche nicht allzu große Moleküle widerstandslos aufnehmen (vgl. dagegen die lebenden Assimilatleitbahnen S. 98).

Am einfachsten sichtbar zu machen ist der *Aufstieg von Farbstoffen:* Man braucht nur ein Rührmichnichtan (Impatiens noli tangere) unter Wasser abzuschneiden und in Tinte zu stellen, so färben sich alsbald die den durchscheinenden Stengel durchziehenden Nerven und wenig später auch die Blattnervatur blau an.

Sollen über einen solchen qualitativen Versuch hinaus die natürlichen Geschwindigkeiten bestimmt werden, so sind allerdings eine Reihe von Fehlerquellen zu beachten:

1. Wie wir im nächsten Abschnitt näher hören werden, steht der Gefäßinhalt transpirierender Pflanzen unter beträchtlicher Spannung. Beim Abschneiden stürzen daher dargebotene Lösungen zunächst mit unnatürlich hohen Geschwindigkeiten in die Bahnen. Es empfiehlt sich aus diesem Grunde, die Versuchssprosse zunächst unter gewöhnlichem Wasser abzuschneiden und die Testlösung erst zu verabreichen, wenn der gesteigerte Nachstrom abgeklungen ist (was man mit Hilfe des S. 2 abgebildeten Potetometers überwachen kann).

2. Modellversuche mit Filtrierpapier haben schon frühzeitig gelehrt, daß alle Farbstoffe infolge Adsorption an der Faser hinter der strömenden Flüssigkeit mehr oder weniger zurückbleiben. GOPPELSROEDER hat schon 1888 hunderte von Farbstoffen auf ihr Steigvermögen geprüft und ist damit unbewußt zu einem der Väter der Papierchromatographie geworden. Auf Grund seiner umfangreichen Versuche bevorzugt die Pflanzenphysiologie seither Methylenblau und Eosin für Geschwindigkeitsbestimmungen, weil sie in günstigen Fällen nur etwa 20% hinter der Strömung zurückbleiben. In den letzten Jahrzehnten benützt man mehr und mehr *fluoreszierende Farbstoffe,* die schon in starker und physiologisch unschädlicher Verdünnung leicht nachweisbar sind (Abb. 20)

3. Trotzdem bleibt der seinerzeit von SACHS sehr ernst bewertete Einwand, daß alle in die geöffneten Saftbahnen eingebrachten

Indikatoren die natürliche Strömung beeinträchtigen. Es haben sich aber nur ganz wenige Stoffe finden lassen, welche über die Wurzeln aufgenommen werden und zugleich leicht nachweisbar sind. Als erster solcher Stoff ist das *Lithium* berühmt geworden, ein Alkalimetall von kleinerem Atomgewicht als Natrium und Kalium, dessen Chlorsalz unbedenklich dem Gießwasser beigefügt werden kann. Sein Eintreffen in verschiedenen Höhen der Versuchspflanze wird dadurch geprüft, daß man von Zeit zu Zeit Blätter abtrennt und in die Flamme hält, wo die ziegelrote Lithiumlinie unverkennbar aufleuchtet. Neuerdings zieht man *radioaktive Isotope* wie Radiophosphor oder Radiorubidium vor, deren Aufstieg mit dem Zählrohr überwacht oder in Kontaktradiographien eindrucksvoll festgehalten werden kann (Abb. 21).

Der Verabreichung über die Wurzel haftet freilich neben physiologischen Vorzügen der Nachteil an, daß der Weg über die lebenden Wurzelzellen viel länger braucht als der eigentliche Aufstieg in den Leitbahnen. Will man die Geschwindigkeit in die-

Abb. 20. Extrafaszikuläre Ausbreitung eines fluoreszierenden Farbstoffes im Blatt von Episcia. Nach STRUGGER

sen bestimmen, so ermittelt man am besten den Zeitunterschied, in dem der Indikator in 2 verschiedenen Höhen eintrifft. Solche Bestimmungen bereiten bei radioaktiven Indikatoren keine Schwierigkeiten.

Es kann hier nicht unsere Aufgabe sein, alle Möglichkeiten aufzuzählen, die der menschliche Erfindergeist für die Bestimmung der Saftstromgeschwindigkeit ersonnen hat. Es sei nur noch erwähnt, daß man bei Lianen auch den Aufstieg von Quecksilber vor dem Röntgenschirm verfolgt hat. Alle bisher erwähnten Verfahren haben aber den Nachteil, daß sie eine einzige Bestimmung zulassen und vielfach mit der Vernichtung der Versuchspflanze enden. Es gibt aber ein Verfahren, welches diese Nachteile nicht aufweist, sondern schadlos wiederholte Bestimmungen zuläßt, das thermoelektrische. Das Prinzip dieses Verfahrens ist folgendes (Abb. 22): Wir erwärmen den aufsteigenden Saftstrom an einer bestimmten Stelle H geringfügig und stellen einige Zentimeter höher das Eintreffen des erwärmten Saftes fest. Das geschieht am besten und empfindlichsten mit Hilfe eines Thermoelements, einer Legierung von Kupfer und Constantan. Sobald die beiden Lötstellen verschiedene Temperaturen aufweisen, stellt sich eine thermoelektrische Spannung von $4,2 \cdot 10^{-5}$ Volt pro Grad Temperaturdifferenz ein; schließen wir den Stromkreis, so führt diese Spannung zu einem elektrischen Strom, der von Galvanometern genügender Empfindlichkeit angezeigt werden kann.

Abb. 21. Kontaktradiographien verschiedener Pappelblätter, die unter gleichen Bedingungen ganz verschiedene Mengen von Radiophosphor aufgenommen haben; der Grad der Schwärzung entspricht der Menge an Radiophosphor. Nach SCHÖNNAMSGRUBER

Am Beginn solcher Untersuchungen bereitete zunächst die Entscheidung Schwierigkeiten, ob die vom Thermoelement angezeigte Erwärmung wirklich auf dem Eintreffen des erwärmten Saftes oder nicht einfach auf Wärmeleitung beruht. Aus diesem Grunde wurde die in Abb. 22 dargestellte Anordnung gewählt, welche die beiden Lötstellen des Thermoelements 4 und 5 cm von der Heizung übereinander unter der Rinde montiert. Geheizt wird nur stoßartig 1 bis 3 Sekunden mit Hilfe einer Taschenlampenbatterie, bei den Vorversuchen sogar durch bloßes Anlegen des Fingers. Die strömende Spitze des erwärmten Saftes trifft nun zuerst auf die erste Lötstelle und führt zu einem positiven Ausschlag des Galvanometers. Da aber das Thermoelement

nur Temperatur*differenzen* anzeigt[1], geht dieser Ausschlag wieder
zurück, sobald die Stromspitze auch die zweite Lötstelle erreicht.
Wird nur kurz und stoßartig geheizt, so wird das strömende
warme Wasser bald wieder von normaltemperiertem abgelöst, das
auch seinerseits wieder zuerst die erste, dann die zweite Lötstelle
erreicht. Dabei muß es infolge Umkehr der Temperaturdifferenz zu
einem genau entgegengesetzten
(negativen) Galvanometerausschlag kommen (Abb. 23). Dieser Gegenausschlag ist der
sichere Beweis für das Passieren
einer Säule erwärmten Wassers;
denn durch bloße Wärmeleitung könnte die entferntere
Lötstelle niemals wärmer werden als die nähere.

Zur Geschichte des thermoelektrischen Verfahrens darf
wohl berichtet werden, daß
der Wiener Meteorologe WIL-
HELM SCHMIDT den Verfasser
während seiner Assistentenzeit
an der Hochschule für Bodenkultur (1920—25) dazu an-
regte, daß das Verfahren aber

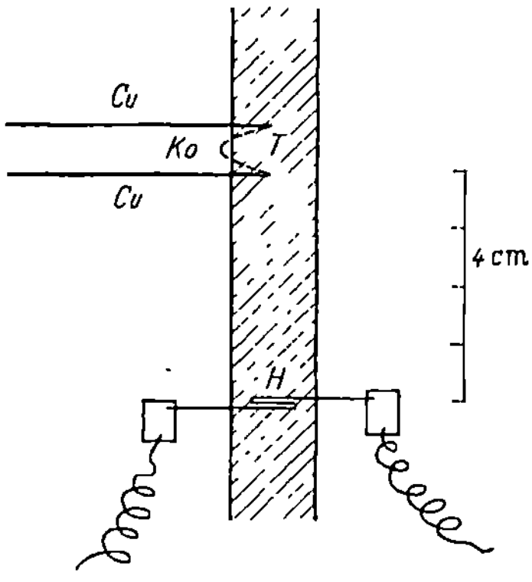



Abb. 22. Schema der Meßanordnung
bei der thermoelektrischen Geschwindigkeitsbestimmung: *H* Heizung, in 4 und 5 cm Abstand die
beiden Lötstellen des Thermoelements *T*. Weitere Erklärung im Text.
Nach HUBER

erst während seiner Freiburger Zeit (1927—32) verwirklicht
wurde. Es war eine freundliche Fügung, daß dort gleichzeitig
und zunächst unabhängig auch der Physiologe REIN an einem
thermoelektrischem Verfahren zur Messung des Blutkreislaufes
(„Thermostromuhr") arbeitete. Sobald wir von den beiderseitigen
Bemühungen erfahren hatten, traten wir natürlich miteinander in
Fühlung, doch waren Objekte und Geschwindigkeiten so ver-
schieden, daß jeder im wesentlichen sein eigenes Verfahren weiter
entwickelte. Die Kontrolle durch den Gegenausschlag fiel mir bei
einem Osteraufenthalt am Physikalisch-Meteorologischen Obser-
vatorium Davos 1931 theoretisch ein und fand den Beifall von

---

[1] Bei Absolutmessungen hält man eine Lötstelle auf konstanter Temperatur,
z. B. in Eiswasser von 0°.

Dorno und Mörikofer. Wirklich beobachten konnte ich aber
diesen Doppelschlag nicht zu so ungünstiger Jahreszeit im Hoch-
gebirge, sondern erst als ich im Sommer desselben Jahres die
Thermoelemente an einer an meinem Fenster vorbeiziehenden
Liane (Pueraria Thunbergiana) montierte. Die Freude war natürlich groß, und das ganze Institut wurde alsbald Zeuge des gelun-
genen Experimentes. Noch besser ging's bei einer mächtigen
Passionsblume (Passiflora quadrangularis) im Gewächshaus des

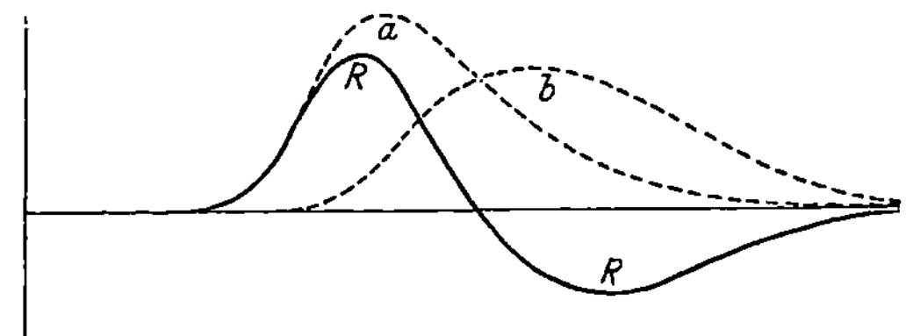


Abb. 23. Temperaturverlauf in der unteren (*a*) und oberen Lötstelle (*b*) des
Thermoelements bei der thermoelektrischen Geschwindigkeitsbestimmung;
das Galvanometer zeigt die Temperaturdifferenz (*R*). Nach Huber

Freiburger Botanischen Institutes: Hier konnte man in Entfer-
nungen bis zu 30 cm von der Meßstelle den Finger anlegen und
erhielt nach einer der Entfernung proportionalen Zeit den Doppelschlag und außerdem wunderschöne Tagesgänge. Nach wenigen
Tagen fand ich die Liane beseitigt, angeblich weil sie, bis ins
Dach klimmend, zuviel Schatten machte, in Wirklichkeit aber,
weil die Gärtner den Einbruch der Physiologie in ihr Reich im
Keime ersticken wollten. Das Verfahren war nun aber nicht mehr
aufzuhalten und hat dann besonders im Tharandter Forstbotanischen Garten zu jenen Erkenntnissen geführt, mit denen wir
uns nunmehr beschäftigen wollen.


## 2. Tages- und Jahresgang

Das Erste, was mit diesem Verfahren faßbar wurde, war der
*Tagesgang* der Saftstromgeschwindigkeit. Auf die nächtliche Ruhe,
in der die Geschwindigkeiten häufig unter die vorläufige Meßbar-
keitsschwelle sinken (vgl. aber u. S. 42 f.), folgt ein rascher Morgenanstieg, der bei gutem Wetter zu tagsüber ziemlich gleich-
bleibenden Tageswerten führt; der abendliche Abfall vollzieht

32

sich dann ähnlich rasch wie der Morgenanstieg. Der Tagesgang gleicht somit in groben Zügen einer Sinuskurve, unterscheidet sich aber von ihr durch erheblich abgeflachte Höchst- und Tiefstwerte (Abb. 24).

Das Nächste was auffiel, sobald an mehreren Stellen eines Baumes, etwa in Stamm (Brusthöhe), Ast und Zweig vergleichend gemessen wurde, war, daß *zwischen den Geschwindigkeiten verschiedener Höhen kein konstantes Verhältnis* besteht. Der Transpirations-

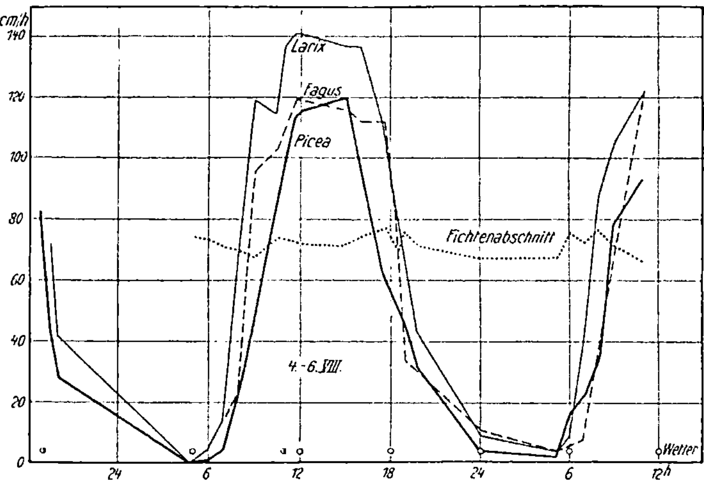


Abb. 24. Tagesgänge der Geschwindigkeit des Transpirationsstromes bei Fichte, Lärche und Buche. Nach SCHUBERT. Die Geschwindigkeiten sind mit der in Abb. 35/36 dargestellten Kompensationsmethode aufgenommen. Die punktierte Linie zeigt vergleichsweise den stets zur gleichen Zeit einsetzenden Ausschlag bei einem nicht durchströmten (abgeschnittenen) Ast (Nullwert, vgl. S. 43)

strom kommt vielmehr am Morgen wie eine Marschkolonne an den Spitzen in Gang und greift erst allmählich nach rückwärts weiter; abends gilt genau das Umgekehrte: Wenn in den Zweigen längst Ruhe herrscht, kann am Stammgrund der Nachstrom noch stundenlang anhalten. Vergleicht man die Geschwindigkeiten in Stamm und Zweig über den ganzen Tag hinweg, so sind bestimmten Zweiggeschwindigkeiten am Nachmittag immer höhere Stammgeschwindigkeiten zugeordnet als am Vormittag (Abb. 25).

Das Wasserleitungssystem erweist sich damit als elastisch und
nicht starr. Ab- und Zustrom sind nicht dauernd gleich, der Tages-
verbrauch geht vielmehr zum Teil auf Kosten von Reserven,
welche erst nachts wieder aufgefüllt werden. Daraus erklärt sich
eine bereits dem vorigen Jahrhundert angehörende Entdeckung:
An der Forstlichen Versuchsanstalt Mariabrunn bei Wien wollte
der ideenreiche FRIEDRICH einen Zuwachsschreiber konstruieren,
der die Umfangsänderungen eines Baumes durch Hebelvergröße-
rung selbsttätig aufzeichnete. Zu seiner Überraschung nahm aber

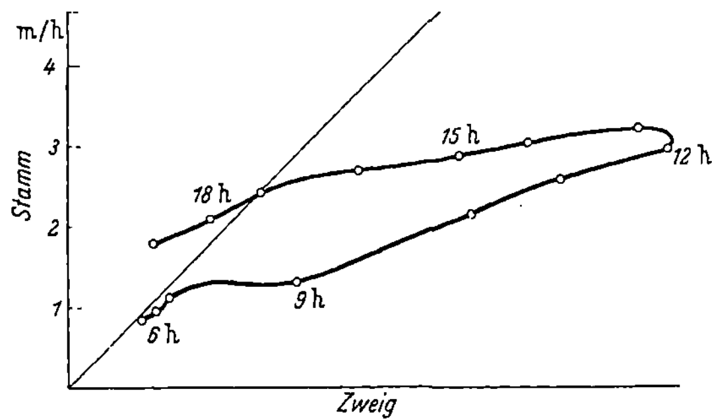


Abb. 25. Zusammenhang zwischen der Geschwindigkeit in den Zweigen
(Abszisse) und im Stamm (Ordinate) einer Birke; die zeitlich aufeinander folgenden Werte (6—19 Uhr) sind zu einer Schleifenkurve verbunden; gleichen
Geschwindigkeiten im Zweig sind am Nachmittag höhere Stammgeschwindigkeiten zugeordnet als am Vormittag. Nach HUBER u. SCHMIDT

der Umfang tagsüber nicht zu, sondern durch Wasserverlust ab
(Abb. 26); in Trockenperioden vermochte nicht einmal die nächtliche Erholung den Verlust aufzuholen, sondern die Umfänge
sanken immer weiter, bis ausgiebige Regen das Defizit beseitigten
und der Zeiger oft schlagartig in die Ausgangslage zurückkehrte.
Verschiedene forstliche Versuchsanstalten haben solche Aufzeich-
nungen jahrelang wiederholt und immer wieder bestätigt.

Vielleicht ist es dieser Elastizität des Wasserleitungssystems zu-
zuschreiben, daß einer der bekanntesten Befunde der Transpira-
tionsforschung, nämlich der *mittägliche Transpirationsrückgang*, bei
den Geschwindigkeitsbestimmungen bisher nicht wiedergefunden
wurde. Zum Verständnis dieser Frage müssen wir ein wenig ausholen: Der Gaswechsel der grünen Landpflanzen steht natur-
gemäß in erster Linie im Zeichen des Tag-Nachtwechsels. Die

vornehmste Aufgabe der Laubblätter, die Kohlensäure-Assimilation oder Photosynthese vollzieht sich bekanntlich nur am Licht. In ihrem Dienste öffnen sich die Spaltöffnungen bei Tag, um Kohlendioxyd einzulassen, und schließen sich nachts, um sein unnützes Entweichen zu vermeiden. Parallel damit sinkt auch die Transpiration durch Spaltenschluß nachts weit über das meteorologisch zu erwartende Maß ab.

Es ist aber nun nicht so, daß tagsüber einfach gleichmäßig durchgearbeitet wird. Man findet solche eingipfelige Assimilations-, Transpirations- und Spaltweitenkurven (Typ 1 der Abb. 27) bei gleichmäßig feuchtem Wetter, in der kurzen Vegetationsperiode der Alpen- und Polarpflanzen. Viel häufiger aber sind *zweigipfelige Kurven, welche die Tagesarbeit durch eine ± tiefe Mittagsruhe unterbrechen* (Typ 2 der Abb. 27). Diese „Siesta" der Pflanzen wird in erster Linie als Folge der mittäglichen Trockenheit aufgefaßt, die zu zeitweiligem Spaltenschluß zwingt; daneben scheint aber auch eine gewisse Ermüdung des Assimilationsapparates eine Rolle zu spielen. Dafür spricht vor allem die Tatsache, daß die Zweigipfeligkeit bei den Assimilationskurven noch deutlicher

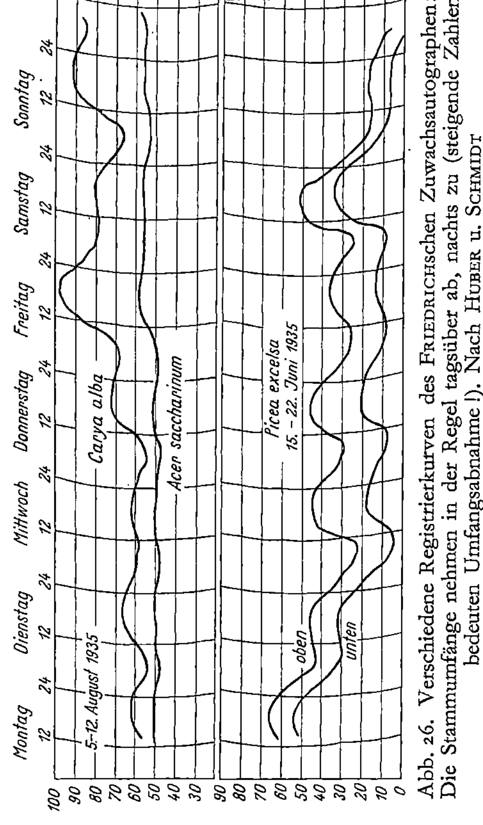


Abb. 26. Verschiedene Registrierkurven des FRIEDRICHschen Zuwachsautographen: Die Stammumfänge nehmen in der Regel tagsüber ab, nachts zu (steigende Zahlen bedeuten Umfangsabnahme!). Nach HUBER u. SCHMIDT

zutage tritt als bei den Transpirationskurven, obwohl durch die Spaltbewegungen beide Vorgänge im gleichen Verhältnis beeinflußt werden müßten. Seit wir in der Lage sind, Assimilation und Transpiration desselben Blattes gleichzeitig zu registrieren, ist diese tagesperiodische Verschiebung in der „Produktivität der Transpiration" (d. h. im Verhältnis von Assimilation und Transpiration) besonders gut faßbar geworden (Abb. 28). Die Zweigipfeligkeit findet sich besonders bei schönem Wetter und damit immer ausgeprägter in südlicheren Breiten, besonders dem Mediterran- und Wüstengürtel, wo schließlich oft überhaupt nur eine kurze Morgenarbeit geleistet wird (Kurve 3 der Abb. 27). Durch künstliche Bewässerung kann die Mittagsdepression einigermaßen vermieden und durch gleichmäßigere Ausnutzung des Tageslichtes eine erhebliche Produktionssteigerung erreicht werden. Im übrigen ist der Parellelismus zwischen dem Tagesgang der pflanzlichen Produktion und dem der menschlichen Leistungsfähigkeit bemerkenswert und sicher mehr als zufällig. Er zeigt, wie tief

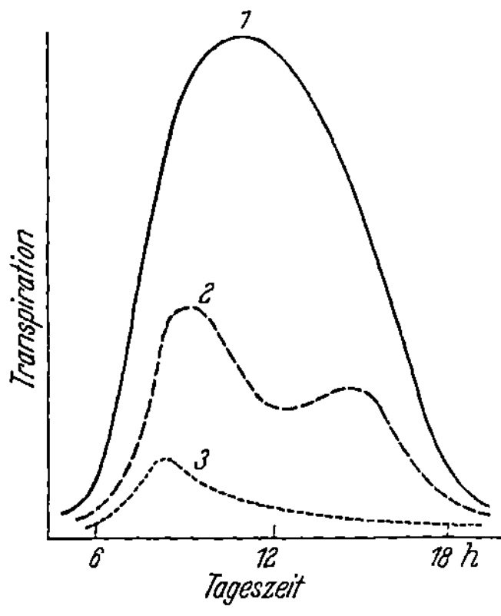


Abb. 27. Schema des Tagesganges der Transpiration bei 3 verschiedenen Trockenheitsgraden: Mit zunehmender Trockenheit (1→3) verlagert sich das Transpirationsmaximum immer mehr auf die Vormittagsstunden. Weiteres im Text

verankert solche biologische Rhythmen sein können, und mahnt uns, das Naturgebot einer gewissen Mittagsruhe und einer vernünftigen Zweiteilung der Tagesarbeit nicht zu überhören. Vor allem dürften Höchstleistungen nur auf dieser Grundlage möglich sein. Zwei große Männer unserer Zeit, CHURCHILL und THOMAS MANN, haben jedenfalls offen bekannt, daß ihre vielbewunderte Schaffenskraft ohne regelmäßigen Mittagsschlaf undenkbar gewesen wäre.

In der Saftstromgeschwindigkeit ist nun diese bei Gaswechselversuchen hundertfach beobachtete Mittagsdelle bisher, wie gesagt, noch nicht festgestellt worden. Verfasser ist aber keineswegs

36

sicher, ob sie eine planmäßige Suche nicht mindestens in den Zweigen noch aufdecken wird: Die thermoelektrische Saftstrom-

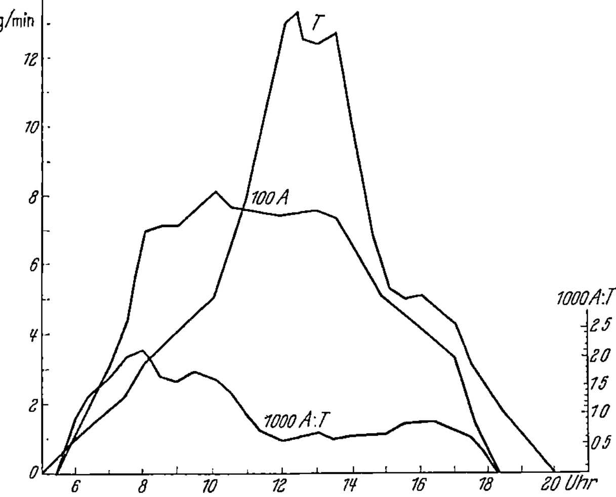



Abb. 28. Tagesgang von Assimilation ($A$, 100fach überhöht) und Transpiration ($T$) sowie des Verhältnisses beider ($A:T$ = Produktivität der Transpiration) bei einem Malvenblatt. Für $A$ und $T$ gilt die linke, für das Verhältnis $A:T$ die rechte Ordinate. Nach Koch

messung registriert ja noch nicht laufend, sondern ist vorläufig auf Einzelmessungen angewiesen, welche zur Ermittlung von Tagesgängen bisher meist alle 3 Stunden durchgeführt wurden.

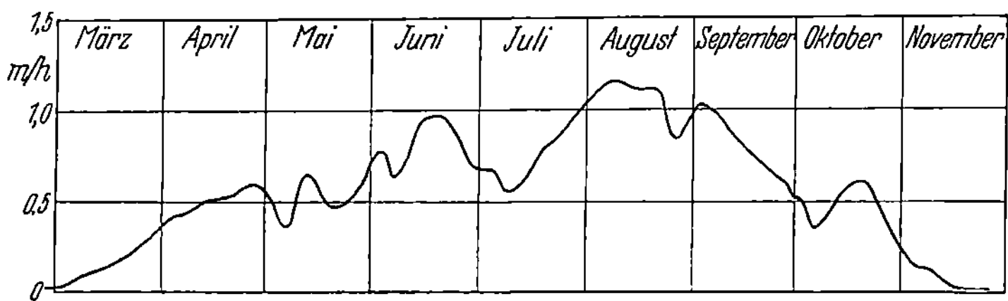



Abb. 29. Jahresgang der Saftstromgeschwindigkeit einer Fichte mit deutlicher Mittsommerstockung. Nach Plankl

Bedenkt man die geringe Zahl gleichmäßig schöner Tage in Mitteleuropa, so kann die Mittagsruhe sehr wohl übersehen worden sein. Es ist aber auch nicht ausgeschlossen, daß sie infolge

der geschilderten Elastizität des Leitungssystems tatsächlich fehlt
und der Transpirationsstrom tagsüber ziemlich gleichmäßig weiterläuft, sowie ja auch Herz- und Darmtätigkeit während des
Schlafes weiterlaufen. Im *jahreszeitlichen Gang* ist dagegen die
der Mittagsruhe entsprechende Mittsommerstockung in der vor-
läufig einzigen über eine ganze Vegetationsperiode ausgedehnten Versuchsreihe klar zutage getreten (Abb. 29). Sie zeigt, daß auch die Zweiteilung der Jahresarbeit durch eine sommerliche Ruhepause biologisch begründet ist.

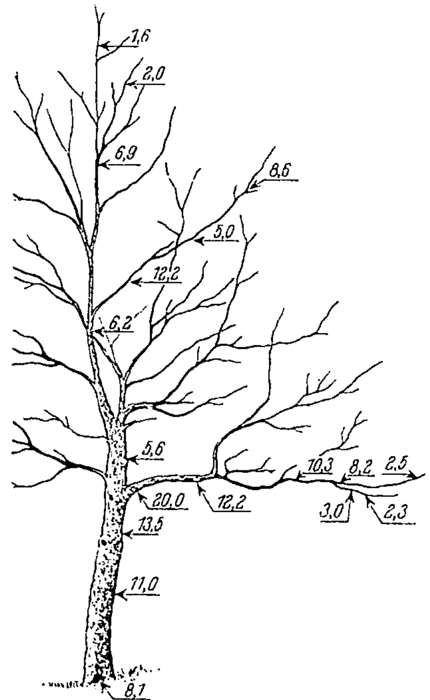



Abb. 30. Geschwindigkeitsverteilung in
einer Eiche; die eingetragenen Zahlen (Meter
pro Stunde) sind Mittelwerte der mittäglichen
Höchstgeschwindigkeiten. Nach Huber u.
Schmidt

## 3. Geschwindigkeitsverteilung innerhalb der einzelnen Pflanze

Der Vergleich der Geschwindigkeiten in Wurzel, Stamm, Ast und Zweig, der uns zunächst die Elastizität des pflanzlichen Leitungssystems kennen lehrte, beantwortet aber noch eine zweite Frage, über die man sich theoretisch schon Jahrhunderte den Kopf zerbrochen hatte: *Verlangsamt sich der Transpirationsstrom spitzenwärts, so wie das der Blutkreislauf beim Übertritt von den Schlagadern in die Kapillaren tut oder bleibt die Geschwindigkeit ungefähr gleich?* Der Vergleich mit dem Blutkreislauf ist dabei zweifellos verfehlt: Die Verlangsamung in den Kapillaren ist ja ein Ausgleich für das enorme Anwachsen der Widerstände in den engen Röhrchen gegenüber den weiten

38

Schlagadern; das Wasserleitungssystem der Pflanze ist aber auf der ganzen Strecke aus annähernd gleichweiten Elementen aufgebaut. Infolgedessen hat schon LEONARDO DA VINCI die Lehre von der konstanten Wasserleitfähigkeit des Pflanzenkörpers vertreten und behauptet, an jeder Astgabel sei die Summe der ableitenden Querschnitte gleich den zuleitenden, eine Aussage, die von späteren Untersuchern in der Größenordnung bestätigt wurde. Genau genommen ergibt sich aber in der Regel doch spitzenwärts eine leichte Zunahme der Querschnittssummen, so daß die Geschwindigkeiten spitzenwärts langsam abnehmen. Da dieser Fall zuerst bei der Eiche beobachtet wurde (Abb. 30), sprechen wir bei apikaler Geschwindigkeitsabnahme vom „*Eichentyp*". Ihm steht der viel seltenere „*Birkentyp*" gegenüber, bei dem die Geschwindigkeiten vom Stamm über die Äste in die Zweige immer größer werden. Der Unterschied ist sozu-

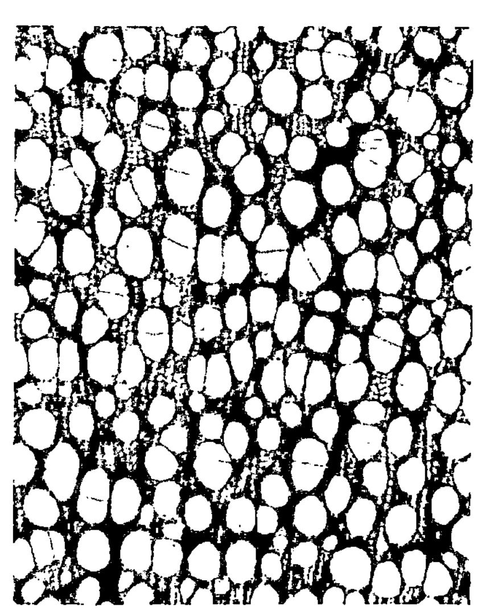

Abb. 31. Querschnitt durch das Wurzelholz der Weide, 25:1. Nach RIEDL

sagen eine Frage der Steuermoral: Jeder beblätterte Zweig baut zunächst sein eigenes Leitungssystem auf, liefert aber außerdem Überschüsse zum Aufbau der ferner liegenden Achsen und Wurzeln ab; in der Regel wird dabei der Eigenbedarf etwas höher bemessen als der Zoll an die Gemeinschaft, d. h. die Summe der Zweigquerschnitte liegt über dem Stammquerschnitt, der Saftstrom verlangsamt sich spitzenwärts. Nur bei der schlankästigen Birke ist die Zahlungswilligkeit so groß, daß genau das Umgekehrte gilt. Im einzelnen soll uns dieses hormonal gesteuerte Zusammenspiel der Saftströme im Schlußabschnitt beschäftigen. Besonders unzureichend sind die Wurzelquerschnitte dimensioniert,

in denen daher die weitaus größten Saftstromgeschwindigkeiten
verzeichnet werden. Sie gleichen das aber durch eine besonders
poröse Bauweise aus, welche an die der Lianen gemahnt, die ja
gleichfalls auf kleinem Querschnitt viel zu leiten haben (Abb. 31).

## 4. Geschwindigkeiten verschiedener Pflanzentypen

Erst nachdem wir die zeitliche und räumliche Verteilung der
Saftstromgeschwindigkeit in der einzelnen Pflanze kennengelernt
haben, können wir mit Erfolg auch die Frage beantworten, ob
sich verschiedene Pflanzentypen in der Geschwindigkeit unterscheiden. Das ist in der Tat der Fall, und zwar entsprechen die
Geschwindigkeiten genau dem im ersten Abschnitt behandelten
Grad der anatomischen Differenzierung: Bei Tracheidenhölzern
sind die Geschwindigkeiten viel geringer als in den durchlaufenden
Röhren der Tracheen. Hier wieder zeigen die weiten Gefäße „ring-
poriger" Laubhölzer wie Eiche durchschnittlich zehnmal höhere
Geschwindigkeiten als die engeren „zerstreutporiger" Laubhölzer

Abb. 32.

Abb. 32–34. Querschnittsansicht eines Nadelholzes (Lärche), eines zerstreutpori-
gen Laubholzes (Buche) und eines ringporigen Laubholzes (Eiche) bei gleicher
Vergrößerung (100:1). Die Wasserleitfähigkeit und Saftstromgeschwindigkeit
steigt mit der Weite der Gefäßbahnen (Tracheiden bzw. Tracheen). Nach Huber

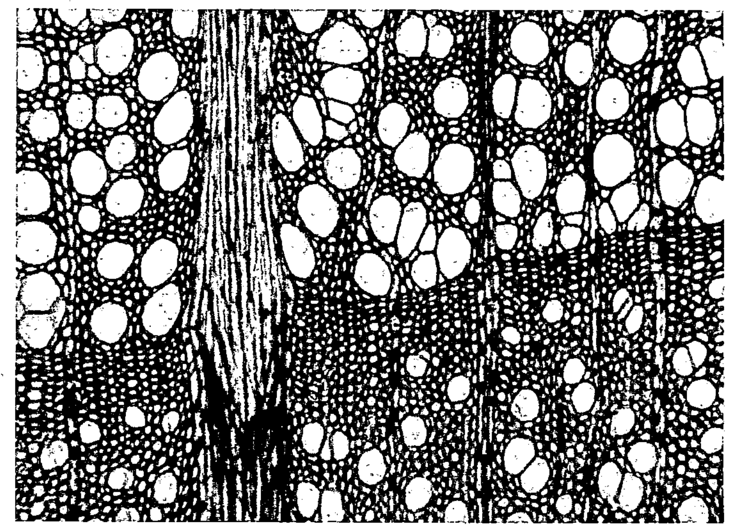

Abb. 33.

Abb. 34.

wie Buche (Abb. 32—34). Auch in den Gefäßen krautiger Pflanzen
findet man überraschend hohe Geschwindigkeiten. Die höchsten

41

Geschwindigkeiten aber sind bei Lianen und Wurzelhölzern gemessen worden. Die Absolutwerte ergeben sich aus Tabelle 1.

Tabelle 1. *Mittägliche Höchstgeschwindigkeiten des Transpirationsstromes verschiedener Pflanzentypen* (Meter pro Stunde)

| Objekt | Geschwindigkeit |
|---|---|
| Moose . . . . . . . . . . . . . . | 1,2—2,0 |
| Nadelhölzer, immergrün . . . . . . . | 1,2 |
| Lärche . . . . . . . . . . . . . . | 1,4 |
| Mediterranes Hartlaub . . . . . . . . | 0,4—1,5 |
| Sommergrüne zerstreutporige Laubhölzer | 1—6 |
| Ringporige Laubhölzer . . . . . . . . | 4—44 |
| Krautige Pflanzen . . . . . . . . . . | 10—60 |
| Lianen . . . . . . . . . . . . . . . | 150 |

Zur Messung der langsamen Saftströme der Nadelhölzer mußte das thermoelektrische Meßverfahren modifiziert werden (Abb. 35/36): Man kann mit dem Thermoelement in der ursprünglichen Anordnung nicht wesentlich näher als auf 4 cm an die Heizung heranrücken, weil sonst der Galvanometerausschlag infolge direkter Wärmeleitung oder auch Induktion sofort bei der Heizung eintritt. Man wählt daher eine Kompensationsschaltung, bei der die Kontroll-Lötstelle des Thermoelements ($T_2$) stromaufwärts (beim Transpirationsstrom also stammabwärts) näher an der Heizung montiert wird als die eigentliche Meßstelle $T_1$. Bei dieser Anordnung kommt es auf jeden Fall gleich bei der Heizung zu einem „negativen" Ausschlag, d. h. die nähere Lötstelle $T_2$ wird wärmer als $T_1$. Je schneller nun der Gefäßinhalt strömt, desto rascher kehrt der Galvanometerzeiger um und gibt einen „positiven" Ausschlag

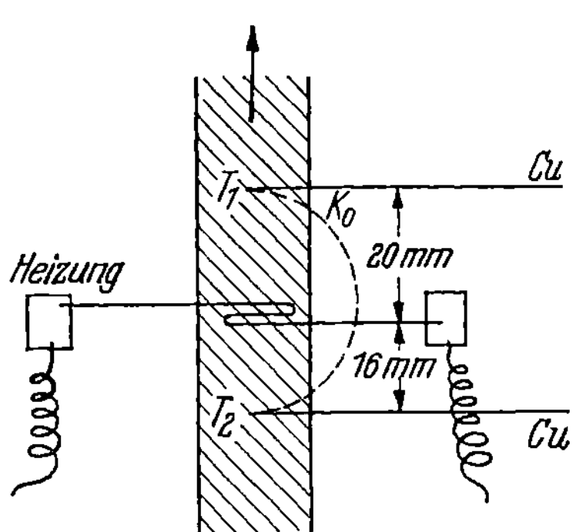


Abb. 35. Schema der Meßanordnung bei der „Kompensationsmethode" zur thermoelektrischen Geschwindigkeitsbestimmung: Die beiden Lötstellen des Thermoelements sind in 16 und 20 mm Abstand beiderseits der Heizung montiert. Nach Huber u. Schmidt

zugunsten der abgelegeneren Meßstelle $T_1$ (Abb. 36). Die Methode läßt sich an abgeschnittenen, künstlich durchströmten Zweigen eichen. Die wahre Strömungsgeschwindigkeit ergibt sich aus der Be-

schleunigung des Ausschlages gegenüber dem Nullwert bei fehlender Strömung. Dieser Nullwert kann am Ende des Versuches durch Abschneiden bestimmt werden; aber auch das nächtliche Minimum, besonders nach ausgiebigem Regen kommt ihm nahe. Mit dieser Methode konnten nicht nur die Geschwindigkeiten der Nadelbäume, sondern auch die langsamen nächtlichen Ströme von Laubbäumen mit hoher Genauigkeit bestimmt werden (s. o. Abb. 24).

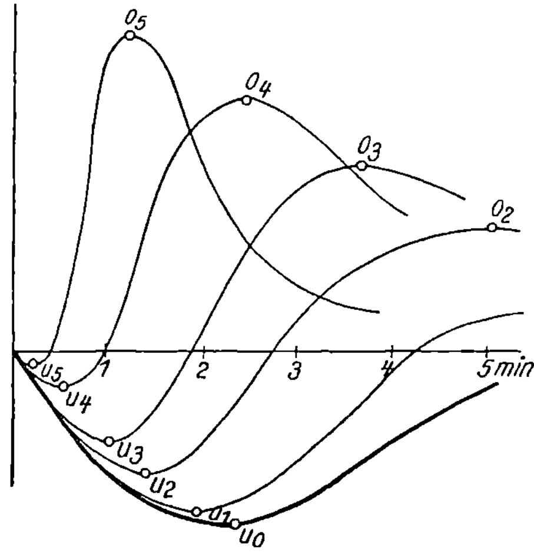


Abb. 36. Schematische Darstellung der Galvanometerausschläge mit der Kompensationsschaltung bei verschiedenen Strömungsgeschwindigkeiten. Die stark ausgezogene Nullkurve entspricht Stromlosigkeit, die weiteren von rechts nach links zunehmender Geschwindigeit. Nach HUBER u. SCHMIDT

## D. Die bewegenden Kräfte

### 1. Einführung

Mit der Frage nach den bewegenden Kräften des aufsteigenden Saftstromes kommen wir zu dem lange Zeit strittigsten Kapitel der gesamten Saftstromphysiologie. Über die Bahnen herrscht schon seit über 100 Jahren Klarheit. Die Geschwindigkeiten bedurften nur geeigneter Bestimmungsmethoden; sobald diese vorlagen, sind die Meßergebnisse niemals angefochten worden. Über die bewegenden Kräfte aber gingen die Meinungen noch bis weit in unser Jahrhundert hinein auseinander, und noch heute melden sich ab und zu Stimmen, welche die gutfundierte Lehrmeinung anzweifeln.

Über eines war man sich allerdings frühzeitig einig: *daß die Saftströme der Pflanzen nicht von einer dem tierischen Herzen vergleichbaren zentralen Pumpanlage aus gesteuert werden.* Niemand hat ein auch nur entfernt dem Herzen vergleichbares Organ im Pflanzenkörper nachweisen können. Wohl aber hat der indische Forscher Bose behauptet, dem Pulsschlag vergleichbare rhythmische Pulsationen im Pflanzenkörper gefunden zu haben, welche er für die Fortbewegung des Transpirationsstromes verantwortlich machte. Da sein Buch „Physiologie des Saftsteigens" 1925 auch in deutscher Ausgabe erschienen ist, müssen wir über seine Beweisführung einige Worte verlieren. Das Seltsame und bei einem Weisen aus dem Morgenlande Ungewöhnliche ist, daß Bose wohl ein Experimentator von Fingerspitzengefühl war, daß er aber in der Deutung seiner Befunde logischen Trugschlüssen zum Opfer gefallen ist. Es muß genügen, das an zwei Beispielen darzulegen: Seine Ausgangsfeststellung ist, daß die Turgorschwankungen, welche die Blätter von Hülsenfrüchtlern heben und senken (Schlafbewegungen, autonome Kreisbewegungen von Desmodium gyrans) von elektrischen Potentialschwankungen begleitet sind. Er dreht nun unerlaubter Weise diesen Satz um und nimmt an, daß überall dort, wo elektrische Potentialschwankungen auftreten, auch der Turgor schwankt. Nun findet er in einem Rindengewebe, das sonst noch niemand mit dem Saftsteigen in Zusammenhang gebracht hat, rasche elektrische Potentialschwankungen (Phasenlänge ca. 15 Sekunden). Statt nach den stoffwechselphysiologischen Ursachen dieser Erscheinung zu suchen, wird sie als Turgorwelle gedeutet, welche den Saftstrom vorwärts treibt. Auch seine „Geschwindigkeitsbestimmungen" sind anfechtbar: Er läßt seine Pflanze welken und bestimmt dann mit sinnreichen und empfindlichen Hebelübertragungen die Zeit, in der sich ein unteres und ein oberes Blatt beim Begießen aufzurichten beginnen. Liegen beispielsweise die Blätter 10 cm auseinander, so vergehen zwischen der ersten Aufrichtung des unteren und oberen Blattes ca. 30 Sekunden, woraus Bose eine Saftstromgeschwindigkeit von 20 cm/min = 12 m/h errechnet. Das Experiment ist bereits 1873 vom Heidelberger Botaniker Pfitzer mit grundsätzlich demselben Erfolg angestellt, aber anders interpretiert worden: In einer welken Pflanze steht das gesamte Wasserleitungssystem in starker Spannung. Beim Begießen läßt diese Spannung nach, und diese hydraulische Druckwelle pflanzt sich mit großer Geschwindigkeit fort. Es deutet aber nichts darauf hin, daß das Wasserteilchen, das unten zugeführt worden ist, im nächtsen Augenblick bereits ein Meter höher erscheint: vielmehr braucht sich die gesamte Wassersäule nur ganz wenig in Bewegung zu setzen, um am anderen Ende zu einer merklichen Entspannung zu führen. Angesichts solcher Mängel ist von Boses Ideen leider nicht die erhoffte Anregung für die Forschung ausgegangen, sondern sie sind abseits vom Wege der Entwicklung liegen geblieben.

Nachdem wir das Vorfeld von falschen Vorstellungen bereinigt haben, gilt es zu positiven Aussagen über die bewegenden Kräfte vorzudringen. Eine Kraft ist dabei schon lange bekannt und kaum zu übersehen: der *Wurzeldruck*. Trotzdem muß gleich eingangs betont werden, daß dieser zur Erklärung des Saftsteigens nicht ausreicht, weil er nur zeitlich und örtlich beschränkt in Erscheinung tritt. Als viel weiter verbreiteter Motor hat sich die *Transpirationssaugung* erwiesen, weshalb man den aufsteigenden Saftstrom auch gerne als Transpirationsstrom bezeichnet, obwohl man dann im Falle des Wurzeldrucks von Blutungs- oder Guttationsstrom sprechen müßte. In unserer Betrachtung wollen wir den leichter verständlichen Wurzeldruck voranstellen und erst dann den Gipfel der Kohäsionstheorie erklimmen.

## 2. Wurzeldruck und Guttation

Wir haben schon bei der Besprechung der chemischen Zusammensetzung des Gefäßwassers auf die Erscheinung aufmerksam gemacht, daß im Frühjahr bei vielen unserer Laubbäume der Saft schon vor der Belaubung unter Druck in die Bäume zu steigen beginnt. Mit der Belaubung verschwindet dieser positive Druck und macht für den Rest der Vegetationsperiode einem Unterdruck in den Gefäßbahnen Platz. Bei Nadelbäumen ist ein positiver Druck im Holz überhaupt nie beobachtet worden; lediglich bei Sämlingen einer Kiefernart will ein amerikanischer Autor Wurzeldruck beobachtet haben.

Während bei unseren heimischen Laubbäumen, etwa der Birke der Saft in dieser Zeit lediglich im Innern des Holzkörpers hochsteigt und nur bei Verletzung der Rinde nach außen tritt[1], zeigen sich viele krautige Pflanzen nach jeder feuchten Nacht an ganz bestimmten Stellen von Tropfen bedeckt, welche aus dem Innern hervorgepreßt werden (Abb. 37). Bei Gräsern treten sie aus der Spitze des Blattes, bei vielen Dicotylen wie Erdbeere,

Abb. 37. Guttation beim Frauenmantel (Alchemilla vulgaris). Nach JURASKY aus HUBER, Pflanzenphysiologie

Frauenmantel und Fuchsie aus jedem Blattzahn. Daß es sich nicht einfach um niedergeschlagenen Tau handelt, beweist neben der strengen Lokalisierung die Tatsache, daß absichtlich entfernte (etwa mit Filtrierpapier abgesogene) Tropfen rasch wieder an der gleichen Stelle nachwachsen. Die anatomische Untersuchung findet an diesen Stellen „Wasserspalten" (Hydathoden; Abb. 38), große nach Art der Luftspalten von 2 (allerdings nicht regulierbaren)

---

[1] Am auffälligsten ist das bei der Rebe, die um diese Zeit zurückgeschnitten zu werden pflegt und dabei aus allen Wunden „blutet".

46

Schließstellen umstellte Öffnungen, in die ein Leitbündelende
hineinführt. Der Raum zwischen Leitbündelende und Spalte pflegt
von einem (bisweilen verkorkten) Filtergewebe (Epithem) aus-
gefüllt zu sein. Filtration und Tropfenaustritt (wir nennen letzteren „*Guttation*") erfolgen rein passiv, nicht wie bei Honig- und

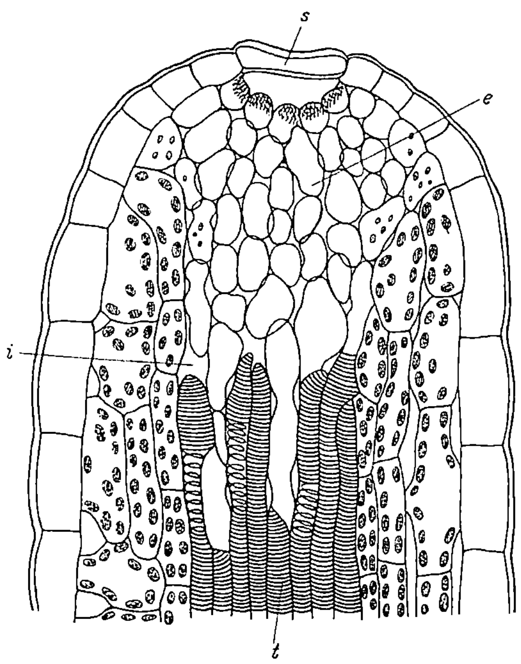



Abb. 38. Längsschnitt durch die Wasserspalte am Blattzahn einer Primel:
*t* Leitbündelende, *e* Filtergewebe mit Intercellularen (*i*), *s* Schließzelle der
Wasserspalte. Nach HABERLANDT

Verdauungsdrüsen aktiv. Die treibende Kraft sitzt viel tiefer und
wird als *Wurzeldruck* bezeichnet. Wenn wir nämlich eine ein-
getopfte guttierende Fuchsie zusammen mit einem abgeschnitten
in Wasser gestellten Sproß unter einen Glassturz stellen, dann
guttiert immer nur die bewurzelte Pflanze, nicht aber der abgeschnittene Sproß; wohl aber treten aus einem geköpften Wurzel-
stumpf noch tagelang Tropfen aus. Auch am abgeschnittenen
Sproß erscheinen Guttationstropfen an den gewohnten Stellen,

wenn wir ihn in ein Röhrchen eindichten und unter Druck setzen
(Abb. 39). Damit ist die aktive Rolle des Wurzeldruckes, die
passive der Wasserspalten erwiesen. Die Erscheinung ist außerordentlich weit verbreitet und bei mehreren 100 heimischen

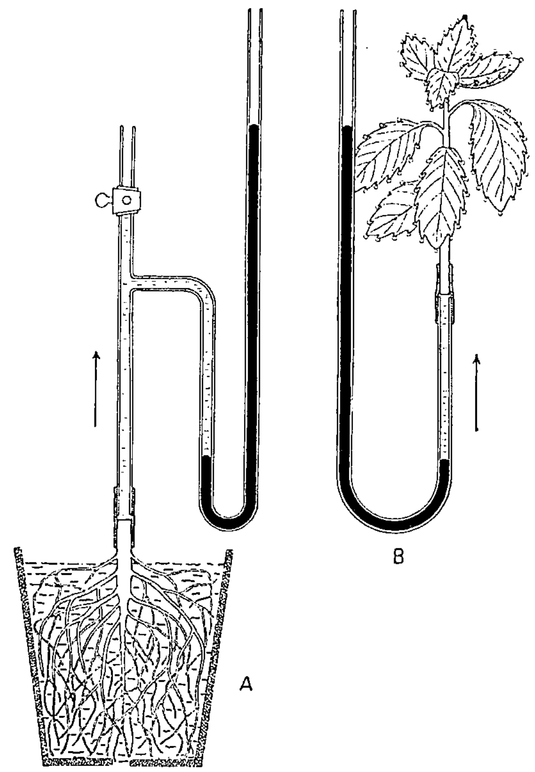



Abb. 39. Wurzeldruck und Guttation: Während das geköpfte Wurzelsystem
weiter blutet (links), guttiert der abgeschnittene Sproß nur, wenn man ihn
unter Quecksilberdruck setzt (rechts; Quecksilber schwarz). Nach STOCKER

Arten nachgewiesen. Schon bei Moosen und Farnen, besonders
Schachtelhalmen, kommt Guttation vor.

Als *Sitz des Wurzeldruckes* gelten die das zentrale Leitbündel
umgebenden Gewebe, besonders die Endodermis (Abb. 40). Das
ist eine Scheide lückenlos (intercellularfrei) zusammenschließen-
der Zellen von ausgesprochenem Drüsencharakter (großkernig,

48

plasmareich). Ihre Radialwände sind mindestens streifenweise verkorkt, so daß sich der Stoffstrom durchs Zellinnere bewegen muß (vgl. u. S. 65 f.). Manchmal beschränkt sich der Stoffdurchtritt auf besondere „Durchlaßzellen", während der größte Teil der Endodermis dickwandig und offenbar schwer passierbar ist. Man hat dieser Schicht schon lange eine Art Ventilstruktur zugeschrieben, und Experimentierkünstler wie URSPRUNG und BLUM behaupten, daß wenn man lebende Dünnschnitte dieser Schicht auf Lösungen verschiedener Konzentrationen schwimmen läßt, die Außenseite noch aus konzentrierteren Lösungen Wasser aufzunehmen vermöge als die Innenseite (polare Saugkraftunterschiede). Der Versuch ist allerdings von keiner anderen Stelle reproduziert worden. Wir können uns aber die Sache kaum anders vorstellen, als daß diese Drüsenschicht Wasser mit der

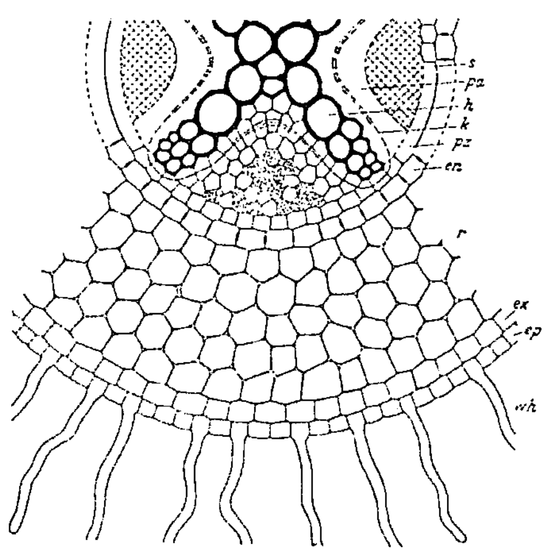

Abb. 40. Schematischer Querschnitt einer Dicotylenwurzel: *ep* Epidermis mit Wurzelhaaren (*wh*), *ex* Exodermis, *r* Wurzelrinde, *en* Endodermis mit Casparyschen Korkstreifen, *pz* Perizykel, *s* Siebteil, *k* Cambium, *h* Holzteil des zentralen radiären Leitbündels, *pa* Zwischenparenchym. Nach STOCKER

Außenseite ansaugt und nach innen unter Druck wieder abscheidet. Das geht schon daraus hervor, daß auch in vitro isoliert kultivierte Wurzeln an ihrem der Spitze abgekehrten Ende Wasser unter ganz bedeutendem Druck (bis 7 Atmosphären) auspressen.

Die feinere Mechanik des Wurzeldruckes ist trotz zahlreicher bis in die letzten Jahre reichender Bemühungen noch immer nicht restlos geklärt. Es konnte aber doch eine Reihe sehr wichtiger Grundtatsachen sichergestellt werden. Schon PFEFFER hat darauf hingewiesen, daß bereits Durchlässigkeitsunterschiede einen einseitigen Wasseraustritt erklären können: Wenn man

einen mit Zuckerlösung gefüllten Glaszylinder auf der einen
Seite mit Schweinsblase, auf der anderen mit dünnem Pergament-
papier verschließt und mit der Schweinsblasenseite in Wasser
stellt, treten unter dem entstehenden Turgordruck auf der durch-
lässigeren Pergamentseite Tropfen aus. Wahrscheinlich beruht
aber der Wurzeldruck nicht nur auf Durchlässigkeitsunterschie-
den, sondern auf aktiven Stoffverschiebungen, die etwa die osmotisch wirksamen Zellbestandteile vorwiegend auf die Außenseite befördern. Solche Ungleichgewichte können natürlich nur unter Energieaufwand aufrecht erhalten werden. Damit steht im Einklang, daß der *Wurzeldruck an lebhafte Atmung gebunden* ist und in Stickstoffatmosphäre oder bei Zusatz von Atmungsgiften rasch abklingt. Er gehört also zweifellos in die Gruppe der „aktiven" Lebenserscheinungen.

Abb. 41. Seerosenblätter sind auf Versorgung durch Wurzeldruck angewiesen: Abgeschnittene Blätter welken alsbald (links und rechts) und bleiben nur bei Wasserzufuhr unter Quecksilberdruck turgeszent (mitte). Nach GESSNER

Um die physiologische Bedeutung des Wurzeldruckes voll zu
erfassen, aber auch abzugrenzen, müssen wir seines Vorkommens
noch bei 2 anderen biologischen Gruppen gedenken. Während
sich bei unseren heimischen Laubbäumen der Wurzeldruck auf
die Zeit vor der Wiederbelaubung beschränkt, kann er im *tropischen Regenwald* eine Dauererscheinung darstellen und zugleich
Höchstwerte (um 5 Atmosphären) erreichen. Wenn es dort am
Morgen von allen Bäumen tropft, braucht es sich keineswegs

immer um Tau oder Regen zu handeln; es liegt vielfach Guttation vor.

Auch viele *Wasserpflanzen*, selbst völlig untergetauchte, arbeiten mit Wurzeldruck und Guttation: Erst kürzlich hat GESSNER auf die bisher merkwürdigerweise übersehene Tatsache aufmerksam gemacht, daß abgeschnittene Seerosenblätter, mit der Spreite nur wenig aus dem Wasser gehoben, alsbald welken (Abb. 41), weil sie mit ihren Stielen kein Wasser saugen können, sondern es unter Druck zugeführt bekommen müssen. Viel älter sind entsprechende Befunde für ganz untergetauchte Wasserpflanzen wie das Tausendblatt (Myriophyllum) und den Wasserhahnenfuß (Ranunculus fluitans).

Für solche hat UNGER schon 1857 folgenden überraschenden Versuch beschrieben: Verteilt man Wurzel- und Sproßende, ohne sie zu trennen, auf 2 verschiedene Gläser und stellt diese auf die beiden Schalen einer Waage, so verschiebt sich das Gleichgewicht immer wieder zu Gunsten der Sproßhälfte, d. h. es verschiebt sich dauernd Wasser vom Wurzel- nach dem Sproßpol. Der Versuch konnte zwar nicht von allen Untersuchern reproduziert werden, scheint aber nach den jüngsten Darstellungen wohl grundsätzlich zuzutreffen. Anatomische Untersuchungen erwiesen zum Teil die Scheitelgruben, zum Teil deutlich umschriebene Blattbezirke, welche man als vermeintliche Orte der Wasseraufnahme zunächst Hydropoten (= Wassertrinker) genannt hatte, als Sitz dieser Unterwasser-Guttation.

Durch solche Befunde runden sich unsere Vorstellungen von Wurzeldruck und Guttation zu einem ziemlich klar geschlossenen Bild: Der Wurzeldruck ist der Hilfsmotor, der überall dort anspringt, wo die Transpiration als normale Triebkraft des aufsteigenden Saftstromes versagt: bei unseren Bäumen vor der Belaubung, bei krautigen Pflanzen in taufeuchten Nächten, ähnlich bei der gesamten Flora des tropischen Regenwaldes, schließlich bei Wasserpflanzen, insbesondere untergetauchten; bei diesen letztgenannten muß man annehmen, daß die Aufnahme durch die äußere Oberfläche keine so ausgiebige Versorgung ermöglichen würde wie eine den ganzen Körper durchspülende Lösung.

Niemand wird darnach bestreiten, daß die Pflanze ihren Körper durch eine aktive Druckströmung berieseln könnte. Eine

Überschätzung dieser Möglichkeit verbieten aber nicht nur die vielfach verzeichnete Beschränktheit des Wurzeldruckes, sondern auch quantitative Erwägungen: Als Sommer und Winter gleich verläßlicher Bluter erfreut sich im Vorlesungsversuch die Warmhauspflanze Sanchezia nobilis (Familie: Acanthaceae) allgemeiner Beliebtheit. Mit der Leistungsfähigkeit ihres Wurzeldruckes hat sich JOST 1916 beschäftigt und festgestellt, daß der geköpfte Stumpf nur etwa $^1/_{10}$ des Wassers liefert, das der abgeschnittene Sproß gleichzeitig verbraucht. Auch wenn man am Stumpf mit der Luftpumpe saugt, kommt noch nicht annähernd die Wassermenge zutage, die den Transpirationsverlust decken würde. Selbst diese Pflanze deckt demnach ihre Wasserbilanz nur durch das Zusammenwirken von Wurzeldruck und Transpirationssaugung. Für andere Pflanzen gilt das sicher in noch höherem Maße. Indem sich die Pflanze der Transpiration selbst als Motor für den Nachschub bedient, macht sie einmal den Bedarf zum Maßstab des Ersatzes; außerdem funktioniert dieser Motor im Gegensatz zum Wurzeldruck ohne eigene Energie. Nötig ist nur ein Mechanismus, der die durch die Transpiration freiwerdenden osmotischen und Quellungsenergien bis in die Aufnahmeregion wirken läßt. Darin besteht das eigentliche „Rätsel" des Saftsteigens.

## 3. Transpirationssaugung, qualitativ; Kohäsionstheorie

Mit der Betrachtung der Transpirationssaugung lernen wir erst den wirklich entscheidenden Motor des aufsteigenden Saftstromes kennen. Daß der Wasserverlust durch Nachsaugen einigermaßen ausgeglichen werden kann, weiß jeder, der welke Blumen nach Erneuerung der Schnittflächen in Wasser stellt (in Österreich sagt man: einfrischt). Viele Pflanzen erhalten dann wieder ihren vollen Turgor und können ihn tage-, bei geeigneter Behandlung sogar wochenlang erhalten. Nötig ist dazu, das sich trübende Wasser und die von Mikroorganismen verstopften Schnittflächen durch scharfen Rasiermesserschnitt von Zeit zu Zeit zu erneuern (der Druck einer Schere quetscht leicht die Gefäßbahnen zu, statt sie zu öffnen). Zweckmäßig nimmt man die Erneuerung der Schnittflächen unter Wasser vor, damit in die gespannten Gefäße gleich Wasser und nicht erst Luft eintritt (wir werden Luftembolie als eines der gefährlichsten Hindernisse für die Wasserleitung kennen lernen). Das Volk empfiehlt, das Tränkwasser durch allerlei Zusätze (von Kochsalz bis zu Chinosol) keimfrei zu halten; doch kommt es darauf bei regelmäßigem Wasserwechsel weniger an. Pappeln können im abgeschnittenen Zustand bestäubt und bis zur Samenreife gebracht werden, was die moderne Pappelzüchtung ganz wesentlich erleichtert hat. Solche Erfahrungen zeigen, daß Sprosse ihren Wasserbedarf nicht unbedingt über die Wurzeln decken müssen, sondern auch durch ihre eigene Saugung decken können, des Wurzeldruckes also nicht bedürfen.

Mit welcher Kraft diese Nachsaugung vor sich geht, lehrt anschaulich ein alter Versuch, bei dem an Stelle des abgesogenen Wassers Quecksilber aus einem Vorratsgefäß in ein meterlanges Steigrohr nachsteigt (Abb. 42); es erreicht unschwer Barometerhöhe, bleibt aber dann stehen, weil sich über ihm ausgetretene Luftblasen zu einem Vakuum auszudehnen pflegen. Um den in jeder Vorlesung gezeigten Versuch trotzdem einige Zeit fortsetzen zu können, erweitert man das Steigrohr unter dem transpirierenden Zweig kugelförmig. Dann kann sich das austretende verdünnte Gas in der

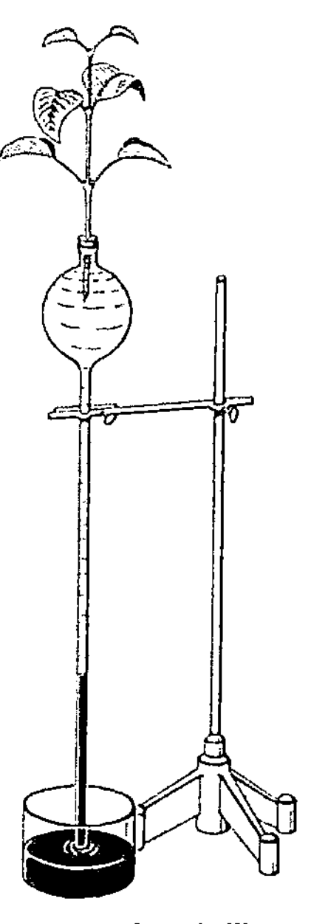

Abb. 42. Quecksilberhebung durch Transpirationssaugung. Näheres im Text. Nach MOLISCH

oberen Hälfte der Kugel ansammeln und der mit der Schnittfläche noch immer in Wasser tauchende Zweig fortfahren zu saugen. Als Versuchszweige bewähren sich Tracheidenhölzer, also Nadelbäume besser als Laubhölzer, aus deren Gefäßen leichter Gas herausgesogen wird; bevorzugt werden die harzfreie Eibe oder auch Cypressenhölzer wie Thuja und Chamaecyparis.

Gerade dieser Versuch hat aber durch Jahrzehnte zugleich als Beweis für die Grenzen der Transpirationssaugung gegolten:

In Anlehnung an die menschliche Technik konnte man sich eine
Saugung nicht anders denn als Schaffung eines luftleeren Raumes
vorstellen, in den der äußere Luftdruck die Flüssigkeit nach-
drücken muß. Das bedeutet für Quecksilber eine Hubhöhe von
76 cm, für Wasser eine solche von 10 m. Das reicht aber für die
Versorgung aller über 10 m
hohen Bäume — die Se-
quoien Kaliforniens und
manche Eucalyptus-Arten
Australiens werden über
100 m hoch — nicht aus,
und damit schien die Transpiration als Motor für das
Saftsteigen unzureichend.
Die Suche nach der un-
bekannten Triebkraft bil-
dete für die Forschung des
neunzehnten Jahrhunderts
das „Rätsel des Saftstei-
gens".

Dieses Rätsel begann
sich zu lösen, als Ende des
Jahrhunderts ein Prinzip
entdeckt wurde, das eine
Saugung über Barometer-
höhe ermöglicht: die *Kohäsion des Wassers*. Es war der
Botaniker an der Hoch-
schule für Bodenkultur in
Wien, Josef Böhm (Abb.

Abb. 43. Josef Böhm, der Vater der
Kohäsionstheorie

43), der sich mit der barometrischen Begrenzung der Transpirationssaugung nicht abfinden wollte und den eben geschilderten Steigrohrversuch unermüdlich wiederholte. Da er beobachtet
hatte, daß der Anstieg des Quecksilbers stets mit dem Auftreten
eines winzigen Luftbläschens beendet wurde, das sich weiterhin zu einem immer größeren luftverdünnten Raum erweiterte,
wollte er diesen verhängnisvollen ersten „Gaskeim" um jeden
Preis ausschalten. Er arbeitete daher mit stunden- bis tagelang

54

ausgekochtem Wasser (seine Luftarmut gibt sich durch Siedeverzug mit stoßweisem Aufwallen zu erkennen); auch die verwendeten Glasrohre und Gummistopfen wurden stundenlang in solchem Wasser gekocht bzw. mit ihm durchspült. Nach solchen Vorsichtsmaßnahmen stieg das Quecksilber in der Tat bisweilen („von 10 Versuchen gelang kaum einer") über Barometerhöhe (manchmal über 1 m hoch) und sank erst in dem Augenblick auf den Barometerstand zurück, wenn doch irgendwo der gefürchtete Gaskeim auftrat.

Die Physiker, welche er zur Erklärung des wahrhaft aufregenden Phänomens zu Rate zog, erklärten ihm, daß bei Barometerhöhe der äußere Luftdruck als Tragkraft einer Quecksilbersäule aufhört und daß beim weiteren Anstieg Wasser und Quecksilber aneinander und an den Glasröhren hängen. Es sei nur eine Frage der Flüssigkeitskohäsion und ihrer Adhäsion an den Wänden, welche Steighöhen erreicht werden. Theoretisch erreichte besonders die Kohäsion von Wasserteilchen bedeutende Werte; sie würde nur wegen des Dazwischentretens von Luft für gewöhnlich nicht erkannt, lasse sich aber physikalisch durch geeignete Versuche nachweisen.

Nachdem so eine Transpirationssaugung über Barometerhöhe empirisch sichergestellt war (was wohl die Hauptsache war!) und sich dafür auch eine einleuchtende physikalische Erklärung gefunden hatte, veröffentlichte Böhm 1893 in den Berichten der Deutschen Botanischen Gesellschaft seine klassische Abhandlung über „Capillarität und Saftsteigen", in der er die Kohäsion für das Saftsteigen verantwortlich machte. Er ist damit eindeutig der Vater der *Kohäsionstheorie.*

2 Jahre später veröffentlichten der Heidelberger Askenasy und die Iren Dixon und Joly im Grunde gleichlautende Befunde, die sie gleichfalls auf die Flüssigkeitskohäsion zurückführten. Askenasy erhielt den Anstieg über Barometerhöhe sogar, wenn er das Wasser statt von einem lebenden Zweig aus einem mit Gips gefüllten Trichter verdunsten ließ. Das war in zweifacher Hinsicht ein wichtiger Fortschritt: methodisch, weil sich der Gips gleichfalls mit ausgekochtem Wasser füllen ließ, was den Prozentsatz gelungener Versuche erheblich erhöhte, theoretisch, weil es besonders klar zeigte, daß ein physikalisches und nicht ein ans Leben gebundenes Prinzip die hohe Saugkraft begründet.

Spätere Autoren haben weitere Anweisungen zur Vorführung
des Kohäsionsversuches gegeben, besonders Ursprung in seinen
3 „Beiträgen zur Demonstration der Flüssigkeitskohäsion" (Be-
richte der Deutschen Botanischen Gesellschaft 1913—1916).
Empfohlen wird u. a. eine Auskleidung der Glascapillaren mit
Collodium, wodurch die Adhäsion an der Wand erhöht wird.
Auch Verfasser hat in jungen Jahren den Versuch wiederholt
größeren Auditorien vorgeführt und deren Zeugnis zu Proto-
koll genommen. Nachdem er sich oft genug von seiner Reprodu-
zierbarkeit überzeugt hatte, hat er ihn später wieder aus dem Vor-
lesungsprogramm gestrichen, weil er einen unverhältnismäßig
großen Zeitaufwand erfordert und es Mühe macht, die kritische
Steighöhe gerade während der Vorlesung zu erreichen. Ursprung
unterbindet zu diesem Zweck vorzeitige Transpiration durch
eine feuchte Glocke und setzt erst während der Demonstration
einen die Transpiration fördernden Ventilator in Gang.

Obwohl damit ein physikalisches Prinzip gefunden war, welches eine Transpirationssaugung über Barometerhöhe ermöglicht und grundsätzlich zur Versorgung auch der größten Bäume
geeignet schien, wollte die Fachwelt noch durch Jahrzehnte nicht
glauben, daß damit wirklich das für das Saftsteigen der Pflanzen
entscheidende Prinzip gefunden sei. Mein Lehrer Molisch zum
Beispiel äußerte sich in seinen Vorlesungen und allen Auflagen
seiner „Pflanzenphysiologie als Theorie der Gärtnerei" (zuletzt
1926) der Kohäsionstheorie gegenüber sehr zurückhaltend, obwohl er Josef Boehm hoch verehrte und bei ihm sogar einmal —
ohne Wissen seines eifersüchtigen Chefs — ein pflanzenphysio-
logisches Privatissimum genommen hatte. Molischs Einstellung
war etwa folgende: Boehm ist es in unermüdlichen Versuchen mit
stundenlang ausgekochtem Wasser manchmal gelungen, Wasser
und Quecksilber durch transpirierende Zweige über Barometerhöhe zu saugen; in den Pflanzen befindet sich kein ausgekochtes,
von Luft befreites Wasser, daher ist eine Übertragung seiner be-
merkenswerten Befunde auf die Pflanze zum mindesten verfrüht.

In dieser geistigen Situation machte sich Renner zum Anwalt
der Kohäsionstheorie und verhalf ihr gegenüber dem Mißtrauen
der Fachwelt zu allgemeiner Anerkennung. Er bemühte sich zunächst um „das einzige, was der Kohäsionstheorie noch fehlt:

den Nachweis negativer Spannungen in der Pflanze", d. h. er wollte zeigen, daß nicht nur im Kohäsionsversuch die Barometerhöhe überschritten werden kann, sondern daß auch Pflanzen mit mehr als der Kraft einer Atmosphäre zu saugen vermögen.

Sein erster einschlägiger Versuch war folgender: Er ließ Fliederzweige am Potetometer (vgl. oben S. 2 Abb. 2) saugen und verfolgte einige Zeit, welche Wassermengen sie aus einem geeichten Glasrohr fördern. Dann schnitt er die Ruten ab und ließ am verbliebenen Zweigstumpf eine Luftpumpe mit voller Kraft saugen. Sie förderte in der Regel mehr als der natürliche Zweig; dieser hatte also für seine Saugung weniger als eine Atmosphäre aufgewendet. In einer zweiten Versuchsserie wurde nun die Saugleistung der Versuchszweige nach kurzer Anfangsbeobachtung durch scharfes Anziehen von Schraubklemmen herabgesetzt. Die Saugung am Potetometer sank zunächst entsprechend stark ab, erholte sich aber nach einiger Zeit durch irgendwelche Saugkraftregulationen (vgl. S. 64 f.), obschon sie den Ausgangswert nicht mehr erreichte. Wurden nun die Versuchszweige abgeschnitten und die Luftpumpe angesetzt, so vermochte diese nur noch Bruchteile der Zweigsaugung zu leisten; die Zweigsaugung hatte offenbar Atmosphärengröße überschritten. Um dem Einwand zu begegnen, daß der Zweig am eigenen Stumpf unter anderen Bedingungen saugen könnte als die Luftpumpe, wiederholte ein anderer Autor den Versuch mit einem künstlichen Vorschaltwiderstand, einem Stöpsel aus dichtem Bildhauerton, der dem Durchsaugen von Wasser einen bedeutenden Widerstand bot. Auch durch diesen förderten die Versuchszweige nach einer gewissen Anlaufszeit das 5- bis 8fache der Luftpumpe. Damit war bewiesen, daß abgeschnittene Zweige mit mehr als Atmosphärengröße zu saugen vermögen, was nach unserem heutigen Wissen einzig mit Hilfe der Flüssigkeitskohäsion möglich ist. Die Kohäsionstheorie hatte sich damit einen festen Platz in unserem Lehrgebäude erobert. Immerhin beanstandeten so kritisch abwägende Forscher wie BENECKE und JOST in ihrer 1923/24 erschienenen „Pflanzenphysiologie" noch, daß der quantitative Beweis dafür, daß das nunmehr nachgewiesene Prinzip allein zur Erklärung der tatsächlichen Saftstromgeschwindigkeiten ausreiche, ausstehe. Mit diesen quantitativen Fragen müssen wir uns daher nunmehr auseinandersetzen.

## 4. Transpirationssaugung; Quantitatives

**a) Leitungswiderstände.** Wenn die Transpirationssaugung allein imstande sein soll, den Transpirationsstrom im Gang zu halten, so muß sie zweierlei Widerstände überwinden können:

1. Sie muß das Wasser hoch über dem allgemeinen Grundwasserniveau halten. Wir wissen, daß das für je 10 m Höhe einen negativen Druck von 1 kg je qcm oder eine Atmosphäre erfordert[1]. Wir können diesen Teil des Gesamtwiderstandes den statischen nennen.

2. Soll das Wasser nicht nur gehalten, sondern gegen den Reibungswiderstand der Gefäßbahnen bewegt werden, so bedeutet das einen zusätzlichen dynamischen Widerstand, der der Strömungsgeschwindigkeit proportional, im übrigen von der Beschaffenheit der Leitungsbahnen abhängig ist.

Während die Höhe des statischen Widerstandes mit einer Atmosphäre für je 10 m Stammhöhe altbekannt ist, gingen über die Höhe des dynamischen Widerstandes die Meinungen anfänglich stark auseinander. In unserem Jahrhundert sind aber dann zuerst in England, später auch anderwärts die Leitungswiderstände der pflanzlichen Wasserleitbahnen so genau gemessen worden, daß man heute mit ihnen wie mit Materialkonstanten rechnen kann.

Abb. 44 zeigt die übliche Anordnung zur Bestimmung der Wasserleitfähigkeit verholzter Zweige: Mit Hilfe von T-Stücken kann eine ganze Reihe von in der Regel 15 cm langen Versuchszweigen an die Wasserleitung gehängt werden; der Druck der nur schwach aufgedrehten Leitung wird durch einen Überlauf geregelt, der 30 cm tief in Quecksilber taucht (Prinzip der Mariottschen Flasche). Auf den Versuchszweigen lastet also ein Druck von 30 cm Quecksilber (ca. 0,4 Atmosphären). Unter diesem Druck beobachtet man beim Tracheidenholz eines Nadelbaumes nur eben ein ganz langsames, bei gewöhnlichen Laubhölzern ein deutlich rascheres Tropfen, während durch Lianen und Wurzelhölzer das Wasser in geschlossenem Strahl durchzulaufen pflegt.

---

[1] Der Luftdruck in Meereshöhe beträgt durchschnittlich 76 cm Quecksilber = 1033 cm Wasser, also 1,033 kg/cm². In der Wissenschaft wird diese Druckeinheit eine Atmosphäre genannt; die Technik rechnet vereinfacht eine (technische) Atmosphäre = 1 kg/cm².

Die Durchlaufgeschwindigkeiten entsprechen also völlig der eingangs besprochenen anatomischen Differenzierung der Wasserleitungsbahnen (vgl. auch Abb. 32—34). Wird das durchlaufende Wasser in Meßzylindern aufgefangen und die Zeit gestoppt, in der eine bestimmte Menge durchläuft, oder auch die Menge gemessen, welche in 15 Minuten filtriert, so erhalten wir ein anschauliches Maß für die *Wasserleitfähigkeit* verschiedener Hölzer. Es ist üblich, diese Menge von 15 cm auf 1 m Zweiglänge, von 0,4 auf ganze Atmosphären und von 15 Minuten auf volle Stunden umzurechnen; man bezieht ferner die durchgelaufene Wassermenge auf die Größe der Querschnittsfläche und stellt sie sich als eine über

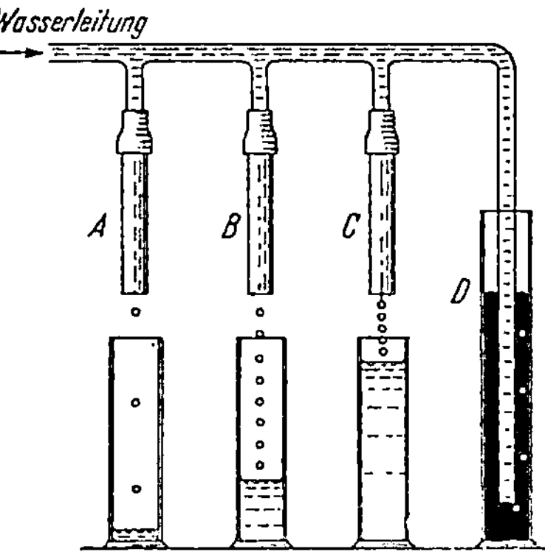


Abb. 44. Anordnung zur Bestimmung der Wasserleitfähigkeit verholzter Zweige. Näheres im Text. Nach HUBER u. SCHMIDT

dieser errichtete Wassersäule vor, schreibt also beispielsweise für eine Filtration von 50 cm³ je Quadratzentimeter Querschnitt einfach 50 cm. Diese auf die Einheit von Druckgefälle, Querschnittsfläche und Zeit umgerechnete Zahl nennt man die *spezifische* Wasserleitfähigkeit. Wir geben sie nachstehend für eine Anzahl von Hölzern an:

Tabelle 2. *Spezifische Leitfähigkeiten einiger Pflanzentypen.*

| Pflanzentyp | Leitfähigkeit $\left(\text{cm/h}\cdot\dfrac{\text{atm}}{\text{m}}\right)$ |
|---|---|
| Nadelhölzer . . . . . . . . . . . . . . | 20 |
| Laubhölzer, immergrün . . . . . . . . | 13,5—48 |
| Laubhölzer, sommergrün . . . . . . . | 65—128 |
| Lianen . . . . . . . . . . . . . . . | 236—1273 |
| Wurzelhölzer sommergrüner Laubbäume | 292—5388 |

Man hat diese zunächst empirisch bestimmten Werte auch theoretisch zu verstehen gesucht und ist dabei zu eben so interessanten wie befriedigenden Einblicken gekommen: Die Physik

kennt seit über 100 Jahren das Hagen-Poiseuillesche Gesetz über
die Widerstände in Kapillaren strömender Flüssigkeiten. Der
Kern dieses Gesetzes sagt, daß die unter einem bestimmten Druck
strömende Menge nicht bloß, dem Röhrenquerschnitt entsprechend, mit dem Quadrat des Röhrendurchmessers anwächst, sondern viel stärker, nämlich mit seiner vierten Potenz (dem Quadrat
des Röhrenquerschnittes): Durch eine doppelt so weite Röhre
fließt nicht viermal, sondern sechzehnmal so viel Wasser. Das ist
eine Folge der außerordentlich starken Bremsung, die jede Strömung durch eine ruhende Begrenzung erfährt. Man hat nun
nachgerechnet, ob die Wasserströmung im Holz mit der von den
Physikern in Glaskapillaren ermittelten übereinstimmt. Bei
Lianen und Wurzelhölzern ist das in der Tat mit verblüffender
Genauigkeit der Fall. Bei engporigeren Hölzern bleibt aber die
empirische Leitfähigkeit infolge zusätzlicher Wandrauhigkeiten
(Spiralleisten u. ä.), bei Tracheidenhölzern infolge der Quer-
wandhindernisse erst recht hinter der Poiseuilleschen zurück.
Sie beträgt nur etwa $1/_3$ bis $1/_{10}$ dieser theoretischen Leitfähigkeit.

Alles in allem haben diese Untersuchungen ein eindrucksvolles Bild von der Leistungsfähigkeit des pflanzlichen Wasserleitungssystems, aber auch seiner zielbewußten stammesgeschicht-
lichen Weiterentwicklung enthüllt. Welche Erleichterung das
Wasserleitungssystem bedeutet, werden wir allerdings erst in
vollem Maße erkennen, wenn wir unten vergleichsweise auf die
Leitungswiderstände in lebenden Geweben zu sprechen kommen
(S. 65). Man könnte freilich auch umgekehrt fragen: Wenn nach
dem Poiseuilleschen Gesetz die Leitfähigkeit mit der vierten
Potenz des Röhrendurchmessers wächst, warum geht dann die
Pflanze in der Verringerung der Widerstände nicht noch weiter,
sondern ist bei Gefäßweiten von wenigen Zehntel Millimetern
stehen geblieben? Die Antwort lautet: weil sonst die Kohäsion
des Füllwassers nicht mehr gewährleistet wäre. *Die Gefäßweite
ist ein Kompromiß zwischen Verringerung der Leitungswiderstände und
Sicherung der Kohäsion.* Gerade die Begrenzung der Gefäßweiten
ist ein wichtiger Indizienbeweis für die Kohäsionstheorie und
ohne diese nicht verständlich.

Wir können uns nun schon ziemlich genau ausrechnen, welche
Kräfte etwa der Transpirationsstrom erfordert: Die oben (S. 42

Tabelle 1) angegebenen mittäglichen Höchstgeschwindigkeiten des natürlichen Transpirationsstromes liegen in ähnlicher Größenordnung wie die Geschwindigkeiten im künstlichen Filtrationsversuch unter einem Druckabfall von einer Atmosphäre je Meter[1]. Wir werden demnach mit Reibungswiderständen in der Größenordnung von Atmosphären pro Meter, im Tagesdurchschnitt vielleicht 0,2 bis 0,5 Atm./m zu rechnen haben. Auf jeden Fall ist der dynamische Widerstand höher als der statische, der erst auf 10 m eine Atmosphäre ausmacht.

**b) Osmotische Energien.** Wir stehen nunmehr vor der Frage, ob die Pflanze diese Kräfte aufbringt, speziell ob die Transpiration solche Energien freimacht. Die exakte Beantwortung dieser Frage setzt die Vertrautheit mit einem sehr schwierigen Kapitel der Pflanzenphysiologie voraus, der Lehre von den *osmotischen Zustandsgrößen*. Es sei versucht, den Kern der Frage hier einigermaßen verständlich zu machen.

Jedes Lehrbuch der Physik behandelt den osmotischen Druck an Hand der Pfefferschen Zelle (Abb. 45): Läßt man in einen porösen Tonzylinder von außen einprozentige Kupfervitriollösung, von innen eine

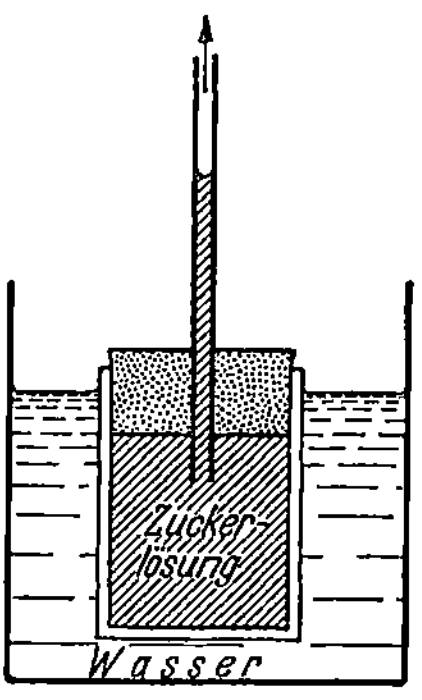

Abb. 45. PFEFFERsche Zelle. Erklärung im Text. Aus HUBER, Pflanzenphysiologie

einprozentige Lösung des gelben Blutlaugensalzes diffundieren, so bildet sich an der Berührungsstelle der beiden Lösungen ein Niederschlag von Ferrocyankupfer. Eine solche „Niederschlagsmembran", der der Tonzylinder die nötige Festigkeit verleiht, ist fast ideal „semipermeabel" (halbdurchlässig), d. h. sie ist wohl für Wasser, nicht aber für in Wasser gelöste Moleküle durchlässig. Füllen wir daher eine solche Zelle mit einer molaren Rohrzuckerlösung, so kann der von der Diffusion, dem Wirbeltanz der Moleküle, als wahrscheinlichster Zustand angestrebte Konzentrationsausgleich

---

[1] Die Zahlen unserer beiden Tabellen sind allerdings nicht streng vergleichbar: Aus dem Filtrationsversuch *berechnet* man die Höhe der filtrierenden Wassersäule; da der Holzquerschnitt aber zum Teil aus Wänden besteht und in jeder einzelnen Röhre die Strömung in der Mitte doppelt so schnell ist als im Durchschnitt, müssen in den Gefäßbahnen rund viermal so hohe Geschwindigkeiten herrschen, als der filtrierenden Wassersäule entspricht.

nicht durch Austritt von Zucker-, sondern nur durch Eintritt von
Wasserteilchen angesteuert werden. Statt aber diesen Endzustand
unendlicher Verdünnung abzuwarten, kann man dem Wassereinstrom einen Gegendruck entgegensetzen, indem man die Zelle bis
auf ein senkrecht angesetztes Steigrohr verschließt. Es zeigt sich
dann, daß der Wassereinstrom bei einem ganz bestimmten Gegendruck zum Stillstand kommt, oder dynamisch richtiger, daß dieser
Druck ebenso viel Wasser auspreßt, wie die Zuckerlösung ansaugt, womit ein dynamisches Gleichgewicht zwischen Ein- und
Ausstrom erreicht ist. Diesen Druck nennen wir den osmotischen
Druck der betreffenden Lösung. Er hängt nicht von der Größe,
sondern nur von der Zahl der in Lösung befindlichen Teilchen
ab. Wenn wir in einem Liter die dem Molekulargewicht entsprechende Menge in Gramm lösen (z. B. 60 g Glyzerin, 90 g
Harnstoff, 180 g Traubenzucker oder 342 g Rohrzucker; man
nennt diese Einheit ein Gramm-Mol oder kurz Mol und spricht
von molaren Lösungen, entsprechend auch von zehntelmolaren
u. dgl.), so beträgt der osmotische Druck (von gewissen Anomalien abgesehen) 22,4 Atmosphären, genau soviel wie wenn
man ein Mol eines Gases auf einen Liter zusammenpreßt; es ist
der Druck, den die betreffenden Moleküle auf eine für sie undurchlässige Wand ausüben. Salzlösungen besitzen infolge ihrer
elektrolytischen Dissoziation in Kationen und Anionen einen
höheren osmotischen Druck als ihrer Molarität entspricht (NaCl
den doppelten, $CaCl_2$ den dreifachen u. dgl.).
Nach neueren physikalischen Vorstellungen ist es in der
Pfefferschen Zelle streng genommen nicht die Zuckerlösung, die
das Wasser entsprechend ihrem osmotischen Druck ansaugt,
sondern das frei bewegliche Wasser, das sich in die Zuckerlösung eindrängt. In der weniger traditionsbelasteten amerikanischen Literatur liest man heute kaum mehr vom osmotischen
Druck einer Lösung, sondern vom *Diffusionsdruck* (diffusion
pressure) des Wassers gegen sie.
Man weiß nun schon lange, daß osmotische Kräfte in der
Pflanze eine große Rolle spielen. Jede Pflanzenzelle ist von einem
semipermeablen Cytoplasmabelag ausgekleidet und enthält in
ihrem Saftraum eine mehr oder weniger konzentrierte Lösung.
Man kann deren osmotischen Druck durch Vergleich mit

Lösungen bekannter Konzentrationen bestimmen. Bringt man beispielsweise abgezogene Epidermishäutchen der Küchenzwiebel in Zuckerlösungen abgestufter Konzentration, dann beobachtet man von einer bestimmten Konzentration aufwärts „*Plasmo-lyse*", d. h. der Plasmabelag zieht sich infolge Wasserentzug aus dem Saftraum (Vacuole) von der Wand zurück (s. o. Abb. 7). Die Grenzkonzentration, bei der eben Plasmolyse sichtbar wird („Grenzplasmolyse") hat offenbar ungefähr den gleichen osmotischen Druck wie die betreffende Zelle. Man kann aber auch den Saft aus rasch abgetöteten Geweben abpressen und die Konzentration durch Gefrierpunktbestimmung („kryoskopisch") ermitteln: Die molare Gefrierpunkterniedrigung gegenüber reinem Wasser beträgt nämlich rund $2^0$.

Die meisten Pflanzen haben osmotische Drucke zwischen 10 und 20 Atmosphären (entsprechend etwa einhalb bis einmolaren Lösungen), auf sehr trockenen und besonders salzigen Standorten sind aber Drucke bis über 100 Atmosphären sichergestellt. Neben den gelösten Zuckern kommt organischen Säuren und ihren Salzen infolge der kleineren Moleküle beim Zustandekommen dieser osmotischen Drucke ein erheblicher Anteil zu.

Insoweit brauchten unsere Ausführungen von denen der Lehrbücher der physikalischen Chemie nicht abzuweichen. Nun aber kommen wir zu dem für die Pflanzenphysiologie eigentümlichen Punkt: Physik, Chemie und lange auch Botanik haben sich nur für den Gleichgewichtszustand interessiert und den osmotischen Gesamtdruck (Diffusionsdruck der amerikanischen Terminologie) gemessen. Für die Betrachtung des Wasserhaushaltes kommt es aber entscheidend darauf an, daß dieser *Gleichgewichtszustand voller Wassersättigung meist nicht erreicht* wird. Dieser würde sich für eine allseits umhäutete Pflanzenzelle erst dann einstellen, wenn sie genügend lange von reinem Wasser umspült wäre; in diesem Falle würde sie so lange Wasser aufnehmen, bis der Turgordruck der gespannten Wände dem osmotischen Druck der Lösung das Gleichgewicht hält. Bei Landpflanzen kommt es aber kaum je soweit: Es besteht wohl eine gewisse Turgeszenz, welche die Stengel und Blattflächen aufrecht bzw. ausgebreitet hält. Dieser Turgordruck entspricht aber nicht dem vollen osmotischen „Wert" des Zellsaftes, sondern es bleibt ein mehr oder weniger großer Rest als „*Saugkraft*" für weitere Wasseraufnahme verfügbar. Die den Physiker und Chemiker allein interessierende osmotische Gesamtenergie tritt also in der Pflanzenzelle in 2 ganz verschiedenen Formen in Erscheinung:

1. aktuell als Turgordruck, der die Wand dehnt und den krautigen Pflanzenteilen eine gewisse Prallheit verleiht,

2. potentiell als eine Energiereserve, welche weitere Wasseraufnahme ermöglicht.

Die osmotische Zustandsgleichung lautet daher: Osmotischer Druck = Turgordruck + Saugkraft für Wasser oder Saugkraft für Wasser = osmotischer Druck — Wanddruck.

In der Benennung dieses wichtigen Tatbestandes weichen die Autoren voneinander noch immer ziemlich stark ab. Da der unmittelbar sichtbare Turgordruck so oft mit dem osmotischen Gesamtdruck verwechselt worden ist, von dem er in Wirklichkeit nur einen mehr oder weniger großen Teil ausmacht, wird die osmotische Gesamtenergie von den Botanikern heute gerne neutraler osmotischer „*Wert*" genannt. Gegen die alte Bezeichnung Saugkraft wird formal richtig eingewendet, daß sie nicht eine Kraft, sondern eine in Atmosphären zu messende Kraft pro Flächeneinheit darstellt; man sollte sie daher richtiger Saug*spannung* heißen. In der amerikanischen Terminologie heißt der osmotische Gesamtwert Diffusionsdruck, die Saugkraft entsprechend Diffusionsdruck-Defizit.

Für den Wasserhaushalt der Pflanze ist dieses Spiel der osmotischen Zustandsgrößen von wunderbarer Zweckmäßigkeit: Eine Zelle von 20 Atmosphären osmotischem Wert kann zunächst sehr wohl wassergesättigt sein und keine Saugkraft gegenüber Wasser zeigen. Sie braucht aber nur ein wenig Wasser zu verlieren, so entspannt sich ihre Wand, und damit wird automatisch eine Saugkraft bis zur Grenze ihres osmotischen Wertes frei. Es hängt von der Elastizität der Wand ab, ob das schneller oder langsamer geschieht. Schattenpflanzen mit geringen Wassergehaltsschwankungen haben in der Regel sehr starre Wände und welken schon bei wenigen Prozent Wasserverlust. Bei Pflanzen sonnig-trockener Standorte sind die Wände meist viel dehnbarer; solche Gewebe können über die Hälfte ihrer Wasservorräte verlieren, ehe ihr Turgor ganz aufhört. Wahrscheinlich können die Saugkräfte

64

sogar über den osmotischen Grenzwert ansteigen, wenn sich in
„schrumpfelnden" Zellen die Federkraft der zusammenknittern-
den Wände als „negative Wandspannung" zum osmotischen
Druck addiert.

Fast alle früheren Unstimmigkeiten in der Dynamik der Wasserbewegung haben sich nun dahin aufgeklärt, daß *für alle Wasser-
verschiebungen nicht Unterschiede im osmotischen Gesamtwert, sondern
ausschließlich solche der Saugkraft maßgebend* sind. An einer Sonnenblume können die Blätter in verschiedener Höhe ziemlich gleiche
osmotische Werte besitzen; die oberen werden aber auf jeden
Fall weniger wassergesättigt sein und mit Hilfe ihrer größeren
Saugkräfte den Wasserbedarf auch gegenüber tiefergelegenen
decken können.

Leider sind die Saugkräfte sehr viel mühsamer zu bestimmen
als die osmotischen Gesamtwerte (über deren Bestimmung s. o.
S. 63): Man muß die Abmessungen der betreffenden Gewebe in
einem möglichst neutralen Medium (Paraffinöl?) festhalten und
dann die Lösungskonzentration ermitteln, in der sich die Maße
weder vergrößern noch verkleinern. Am besten eignen sich dafür
Gewebe mit elastischen Wänden (große Ausschläge zwischen verschiedenen Konzentrationen). Durch zahlreiche Fehlerquellen
geschreckt, hat sich nur eine kleine Zahl von Forschern an Saug-
kraftmessungen herangewagt, so daß auf diesem Gebiete am
wenigsten zuverlässige Messungen vorliegen.

Diese wenigen Messungen scheinen aber immerhin 2 wichtige
Tatsachen sicherzustellen:

1. Die Saugkräfte steigen überall im Sinne und Ausmaß der
Erwartung, beispielsweise bei einer Buche zwischen 1 und 6 m
Höhe um durchschnittlich 0,2 bis 0,35 Atmosphären pro Meter.

2. Abseits von den Leitbahnen steigen die Saugkräfte vielmals
rascher an, in einem Efeublatt von der 3. zur 35. Palisadenzelle
auf einer Strecke von noch nicht einmal 1 mm von 10 auf 16,5
Atmosphären; das würde einen Leitungswiderstand von etwa
tausend Atmosphären pro Meter bedeuten. Man sieht daraus, wie
notwendig für die Landpflanze die Ausbildung eines eigenen
Wasserleitungssystems war.

Dieser enorme Leitungswiderstand im „extrafasciculären" Bereich (außerhalb der eigentlichen Leitbündel) hat zur Frage geführt,

wo sich denn eigentlich der Transpirationsstrom durch die lebenden Gewebe bewegt. Es handelt sich dabei einerseits um die Strecke von der Wurzeloberfläche bis in den Zentralzylinder der Wurzel und andererseits um die von den letzten feinen Blattnerven bis zur Blattoberfläche, in beiden Fällen um Strecken von etwa 1 mm. Es hat sich gezeigt, daß mindestens ein Teil des Wassers und der darin gelösten Stoffe den Durchtritt durch das Plasmafilter meidet und als Weg geringeren Widerstandes den durch die „intermicellaren" Maschen des Membrangeflechts wählt, die durch das Elektronenmikroskop unmittelbar sichtbar geworden sind (Abb. 46). An bestimmten Stellen ist allerdings dieser „Membranweg" durch Fetteinlagerungen blockiert, wodurch der Transpirationsstrom gezwungen wird, plasmatische Kontrollen zu passieren. Das scheint vor allem der Sinn des berühmten Casparyschen Korkstreifens in der den Zentralzylinder der Wurzel umhüllenden Endodermis (Schutzscheide) zu sein (s. o. Abb. 40).

Abb. 46. Fibrillennetz der Blattzellwände einer Tulpe im Elektronenmikroskop. Nach Frey-Wyssling

An solchen Stellen scheint das Leben mit Atmungsenergien aktiv in den Stofftransport einzugreifen (s. o. S. 50), während es in den toten Leitbahnen nur für die Erhaltung der physikalischen Voraussetzungen sorgt (Abschirmen von Lufteintritt).

**c) Grenzen der Kohäsion.** Nach dem bisher Gesagten würden die osmotischen Energien der Pflanzenzelle für die Anforderungen des Transpirationsstromes ausreichen. Es fragt sich aber, ob das auch von der Kohäsion des Gefäßwassers behauptet werden kann, welche die Transpirationssaugung über große Strecken bis in die Wurzeln, vielleicht sogar bis ins Bodenwasser übertragen soll. Wenn eine Blattzelle durch ihre Transpiration im Turgor nachläßt und damit ihre Saugkraft erhöht, wird sie einer nächsttieferen etwas Wasser entreißen und damit die Saugung fortpflanzen. Schon nach wenigen Zellen kommen wir dabei an ein wassergefülltes Gefäß, dessen Inhalt durch Entnahme in Zugspannung gerät. Solche hydraulischen Züge (negative Drucke) werden ebenso wie hydraulische Überdrucke fast augenblicklich und fast verlustlos über große Strecken fortgepflanzt. Es ist, wie schon BOEHM, der Vater der Kohäsionstheorie, sagte, beinahe so, als würde man an einem Faden ziehen. Nun haben wir im vorigen Kapitel zwar gehört, daß solche Kohäsionszüge einwandfrei nachgewiesen sind; wir haben uns aber nicht mit ihrer Höhe beschäftigt. Das soll nun nachgetragen werden.

Es war ein Markstein in der Geschichte unserer Fragestellung, als 1915 gleichzeitig und unabhängig 2 Forscher am selben Objekt feststellten, daß das Füllwasser erst unter einem Zug von etwa 300 Atmosphären reißt. Das Objekt, bei dem diese Bestimmung zuerst gelang, war der verdickte Zellring (anulus), der die Sporenbehälter unserer Laubfarne aufreißt und die Sporen ausschleudert. Der Vorgang verläuft in 2 Schritten (Abb. 47): Beim Austrocknen reißt der Sporenbehälter erst einmal auf. Das beruht aber nicht wie in vielen anderen Fällen einfach auf einer Verkürzung entquellender Wände; solche „Quellungsmechanismen" können nämlich ihr Spiel bei jedem Wechsel von Feucht und Trocken beliebig oft wiederholen (Beispiel: Öffnen und Schließen der Wetterdistel). Die mit der Entleerung des Farnsporangiums verbundenen Bewegungen sind dagegen normalerweise ein einmaliger Vorgang. Sein gleich zu schildernder zweiter Akt lehrt uns, daß das erste Aufreißen dadurch zustande kommt, daß Wand und Inhalt der zunächst noch lebenden Ringzellen fest aneinander haften und sich erst trennen, wenn die von uns gesuchte Zugkraft den Zusammenhalt überwindet. Wenn also der Inhalt beim Austrocknen schrumpft, zieht er die Wände mit sich herein, und zwar nicht gleichmäßig: Die dünnen Außenwände geben dem Zug des Füllwassers leichter nach als die verdickten

Seiten- und Innenwände. Infolge dieser stärkeren Verkürzung der
Außen- gegenüber der Innenseite reißt der Sporenbehälter nicht
nur auf, sondern der Ring schlägt nach und nach in den entgegen-

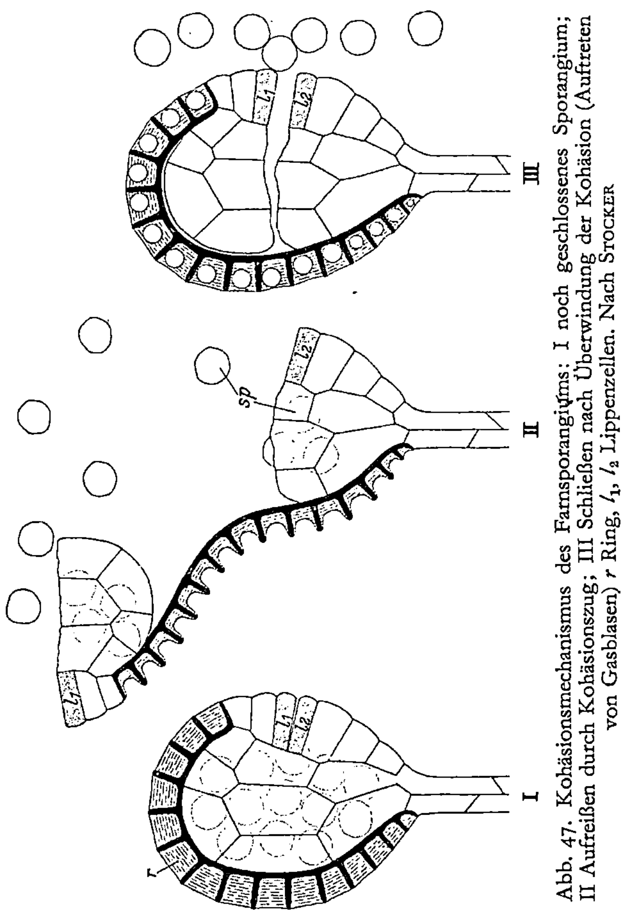

Abb. 47. Kohäsionsmechanismus des Farnsporangiums: I noch geschlossenes Sporangium; II Aufreißen durch Kohäsionszug; III Schließen nach Überwindung der Kohäsion (Auftreten von Gasblasen) $r$ Ring, $l_1$, $l_2$ Lippenzellen. Nach STOCKER

gesetzten Krümmungssinn über (Bild II der Abb. 47). Bald darauf
erlebt der mikroskopische Beobachter ein aufregendes Schauspiel:
In rascher Folge treten in den bisher durchsichtigen Ringzellen
Gasblasen auf; der Zusammenhang zwischen Wand und Füllung

ist gerissen, die Wände kehren elastisch in ihre Ausgangslage zurück (Abb. 47 III). Jede solche „Explosion" versetzt den ganzen Sporenbehälter in rüttelnde Bewegung, wodurch die Sporen ausgeschleudert werden. Die Entleerung des Farnsporangiums beruht demnach auf einem „*Kohäsionsmechanismus*": Im ersten Teil haftet der Inhalt noch an der Wand; erst im zweiten Teil wird der Zusammenhalt (entweder die Adhäsion des Inhalts an Wand oder die Kohäsion der Flüssigkeitsteilchen untereinander) überwunden.

Es gilt nun, die Kraft zu bestimmen, bei der dieses „Springen" eintritt. Das ist möglich, wenn man den Vorgang über Lösungen definierter Dampfspannung verfolgt, deren wasserentziehende Kraft man kennt. Schon in Glaskammern, die nur wenig von voller Dampfsättigung entfernt sind, öffnen sich die Sporenbehälter. Um sie aber zum „Springen" zu bringen, muß man Lösungen von mindestens 300 Atmosphären osmotischem Druck (z. B. gesättigte Kochsalzlösung) anwenden. Bis zu dieser Grenze halten demnach Wand und Füllung zusammen.

Mit solchen Kräften wäre die Transpirationssaugung allen Widerständen gewachsen. Wir dürfen aber nicht verschweigen, daß die Kohäsion keineswegs in allen Pflanzengeweben so hohe Grenzwerte erreicht. Es hat sich vielmehr gezeigt, daß es von der — in der Regel submikroskopischen — Porengröße der Membranen abhängt, wann sie bei steigenden Kohäsionszügen undicht werden und Luft durchschlagen lassen. Nach den Gesetzen der Kapillardepression tragen bereits Poren von $1\,\mu$ ($^1/_{1000}$ mm) Weite 30 m Wasser oder 30 Atmosphären, solche von $1\,m\mu$ ($^1/_{1000000}$ mm) das 1000fache. Was dann überwunden wird, ist eigentlich nicht die Kohäsion des Füllwassers, sondern seine Adhäsion an der Wand, die kapillare Tragkraft der in den Membranporen anzunehmenden Menisken. Wir kennen heute alle Abstufungen von den oben abgebildeten toten Wasserspeicherzellen des Torfmooses (Abb. 16), deren grobe Poren widerstandslos Luft einlassen und ihr Füllwasser abgeben, bis zu den überaus dichten Membranen des Farnanulus. In den Gefäßbahnen des Holzes dürfte die kritische Grenze durchschnittlich bei Kohäsionszügen von etwa 30 Atmosphären liegen; dann scheint durch die Plasmodesmenporen lebender (oder auch bereits abgestorbener) Nachbarzellen Gas einzutreten. Vielleicht lösen lebende

Zellen die Gasembolie sogar aktiv aus; ob sie auch einmal entleerte Gefäße durch Blutung wieder füllen können, ist noch immer unentschieden und eher unwahrscheinlich.

Die Zerreißgrenze ist übrigens kein statischer Festwert, sondern nach neueren molekularkinetischen Anschauungen ein Wahrscheinlichkeitswert: Je länger ein Gefäß beansprucht ist, desto wahrscheinlicher ist es, daß eine Gasembolie seiner Funktion ein Ende bereitet. Das Ereignis tritt um so leichter ein, je weiter und länger ein Gefäß ist. Während die Tracheiden der Nadelhölzer jahrzehntelang tätig bleiben und der Ausfall einzelner Tracheiden das System kaum beeinträchtigt, laufen Gefäßröhren gleich auf ihrer ganzen Länge leer. Die weiten Gefäße der Lianen, aber auch die unserer weitestporigen Laubhölzer wie Eiche, Ulme und Esche sind vielfach nur eine Vegetationsperiode tätig und müssen vor dem Laubaustrieb durch neue ersetzt werden; das ist der Hauptgrund für das späte Austreiben von Eiche und Esche. Laubhölzer mit engeren und kürzeren Gefäßröhren wie Buche, Birke oder Pappel halten die Mitte.

Wir hatten es schon oben angedeutet und können nun voll verstehen, daß das Wasserleitungssystem der Pflanzen einen Kompromiß zwischen zwiespältigen Anforderungen darstellt: Der Reibungswiderstand verlangt möglichst weite, die Sicherung der Kohäsion möglichst enge Bahnen. Der Ausgleich zwischen so gegensätzlichen Forderungen läßt immerhin einen gewissen Spielraum für — man möchte sagen: temperamentsmäßige — Unterschiede. Die Tracheidenhölzer (Nadelhölzer) arbeiten nach dem Motto: langsam, aber sicher. Sie haben es wohl ihrem zwar altmodischen, aber zuverlässigen Wasserleitungssystem zu verdanken, daß sie sich in den gemäßigten Zonen neben den fortschrittlicheren Laubhölzern behaupten konnten. Die weitestporigen Laubhölzer nehmen umgekehrt um den Preis einer leichten und schnellen Leitung das Risiko erhöhter Labilität in Kauf. Daß dieses Wagnis nicht unbedenklich ist, lehren die Baumkrankheiten, die gerade solche Holzarten jüngst heimgesucht haben (Ulmensterben in Europa, Kastanien- und Eichensterben in den Vereinigten Staaten); handelt es sich dabei doch um ausgesprochene Gefäßkrankheiten, eine Blockierung der allzu peripher gelegenen tätigen Gefäße durch Pilze. Auf der anderen Seite sind gerade solche ringporige

Holzarten der Stoßbeanspruchung an der Trockengrenze gegen
die Steppe am besten gewachsen.

Die durch Überwindung der Kohäsion und Gasembolie aus der
Wasserleitung ausgeschiedenen Bahnen fallen dem Vorgang der

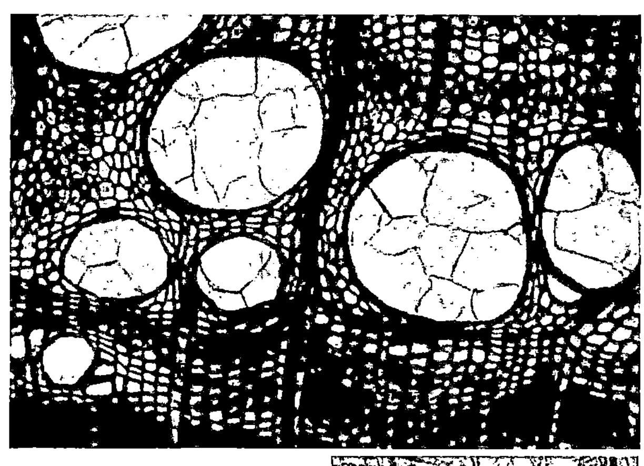

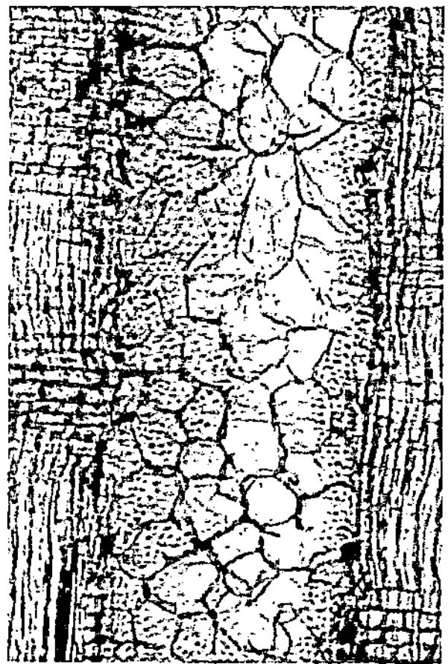

Abb. 48. Verstopfung funk-
tionslos gewordener Gefäße
durch Auswachsen lebender
Nachbarzellen. Robinienholz,
150:1, oben quer, unten längs
geschnitten

*Verkernung* anheim: Durch den Reiz der Luftfüllung werden
lebende Nachbarzellen angeregt, in die Gefäßröhren hineinzu-
wachsen und diese zu verstopfen (Abb. 48). Außerdem werden die
submikroskopischen Intermicellarräume der Wände durch allerlei
Stoffe erfüllt, die die Wegsamkeit um mehrere Zehnerpotenzen

herabsetzen. In den meisten Fällen sind diese Veränderungen auch dem freien Auge durch eine dunklere Färbung des Kern- gegenüber dem viel helleren tätigen Splintholz bemerkbar. Der Kern dient dem Baum nur noch durch seine Tragkraft, sofern er nicht durch Kernholzspezialisten (höhere Pilze, Insekten) zerstört wird (hohle Bäume).

Zum Schluß noch ein allgemeiner Gesichtspunkt: Wir hatten schon oben angedeutet, daß mit dem Ersatz des Wurzeldruckes

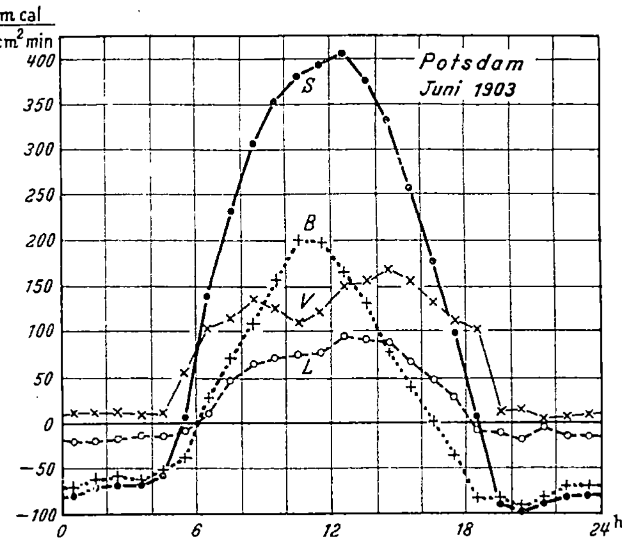


Abb. 49. Tagesgang von Einstrahlung ($S$), Boden- und Luftleitung ($B$ bzw. $L$) und Verdunstung ($V$). Der Wert der Verdunstung ergibt sich nach der Wärmehaushaltformel als Differenz zwischen $S$ und $B + L$. Nach ALBRECHT

durch die Transpirationssaugung die Pflanze den Einsatz eigener Energie beim Saftsteigen spart. Die Transpiration, der Übergang flüssigen Wassers in Dampfform, verbraucht zwar auch Energie (die Verdampfungswärme des Wassers beträgt bekanntlich je nach Temperatur 540—596 Kalorien je Gramm), aber diese Energie wird durch Abkühlung der verdunstenden Oberflächen („Verdunstungskälte") der Umgebung entzogen und geht damit letzten Endes auf Kosten der Sonnenenergie. Der Betrag ist nicht einmal gering, sondern liegt im Jahresdurchschnitt um 30% der gesamten Einstrahlung. Auf diesen Tatbestand hat der Potsdamer

Meteorologe ALBRECHT eine der elegantesten Methoden der Verdunstungsbestimmung gegründet: Er mißt die eingestrahlte Energie $S$ und die davon in den Boden $(B)$ und mit der täglichen Temperaturwelle in die Luft gehenden Anteile $(L)$. Diese beiden Anteile zusammen geben aber fast nie den vollen Einstrahlungsbetrag, denn es fehlt die für die Verdunstung $V$ aufgewendete Energie. Diese läßt sich daher nach der Formel

$$V = S - (B + L)$$

mit erstaunlicher Genauigkeit berechnen (Abb. 49); sogar die obenerwähnte Mittagsdelle im Tagesgang der Verdunstung kommt dabei zum Vorschein.

Jeder Gebildete weiß, daß die Sonne die Energie für die Kohlensäureassimilation der Pflanzen und damit die Bildung organischer Substanz auf Erden liefert. Es wird aber oft übersehen, daß sie auch die Energie für die Verdunstung und damit für den Transpirationsstrom und die mineralische Ernährung der höheren Landpflanzen stellt und daß diese sogar ein Vielfaches der Assimilationsenergie ausmacht. Für die Assimilation werden normalerweise noch nicht 1 % der Gesamtstrahlung, für die Verdunstung aber rund 30 % aufgewendet. Das steht in vollem Einklang mit dem eingangs (S. 1) über die Größenordnung der beiden gekoppelten Vorgänge Ausgeführten.

Die Weiterleitung der Transpirationssaugung bis in die Wurzeln verlangt keine zusätzliche Energie: Durch die Verdunstung

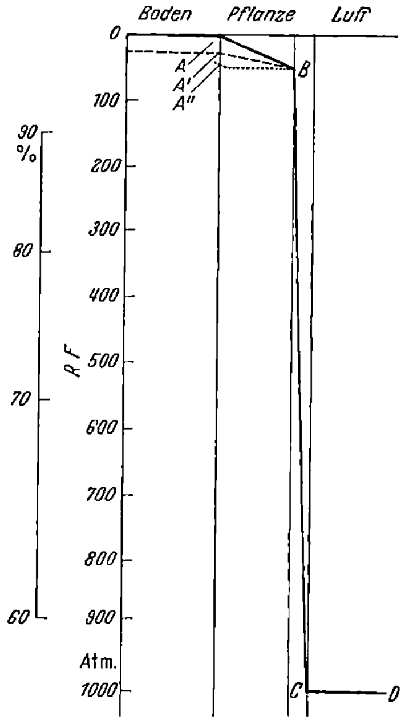


Abb. 50. Schema des Potentialgefälles zwischen Luft, Pflanze und Boden nach GRADMANN. Als Maß der Wassersättigung dient die relative Feuchtigkeit ($RF$ in Prozent) bzw. die Saugkraft in Atmosphären (Ordinate). Der größte Potentialsprung liegt nicht zwischen Boden und Pflanze, sondern zwischen Pflanze und Luft. Die gestrichelte und punktierte Kurve gilt für trockenen Boden

zieht sich das Wasser in den gequollenen Wänden tiefer in submikroskopische Kapillaren zurück. Der Zug dieser Menisken setzt sich als Quellungsenergie entweder unmittelbar über die Intermicellarräume ins Gefäßwasser fort, das dadurch in Kohäsionsspannung gerät, oder es mobilisiert über den Wasserentzug aus lebenden Zellen osmotische Saugkräfte, welche auch ihrerseits letzten Endes den Kohäsionsmechanismus in Gang setzen[1]. Membranen und lebende Zellen nehmen dabei die ihrer Lage im Strom entsprechende Wasserdampfspannung an und beharren in ihr, solange der Strom in gleicher Stärke anhält. Sie liefern damit selbst für den Vorgang ebenso wenig Energie wie ein elektrischer Leiter. Die Quelle der Energie ist vielmehr ausschließlich die verdunstende Oberfläche.

Dabei setzt uns noch etwas in Erstaunen: Der Übergangswiderstand der Wassermoleküle aus der flüssigen Luft in die Gasform ist so enorm[2], daß selbst beim höchsten Baum die Wassersättigung der Blätter bzw. Nadeln normalerweise viel näher der des Bodens als der der Luft bleibt. Ist das nicht mehr der Fall, so vertrocknen die betreffenden Teile. Das zu verhindern ist die großartige Leistung der pflanzlichen Wasserleitbahnen und des aufsteigenden Saftstromes! GRADMANN hat diesen Tatbestand in ein eindrucksvolles Schema gebracht, mit dem wir diesen Teil unserer Betrachtungen beschließen wollen (Abb. 50).

---

[1] Beide Wege schließen einander nicht aus, sondern laufen entsprechend den Leitfähigkeiten nebeneinander her: Auf dem Wege des geringeren Widerstandes fließt proportional mehr als auf dem des größeren.

[2] Wir haben oben S. 10 darauf hingewiesen, daß das semipermeable Plasma unter dem Druck einer Atmosphäre stündlich nur etwa $^1/_{30}$ mm Wasser filtrieren läßt, während Holz unter dem gleichen Druck axial etwa 1 m Wasser durchläßt. Die Verdunstung, der Übergang von einer Wasserfläche in die Gasform erreicht stündlich nur Zehntel mm, obwohl die Saugkraft unserer Mittagsluft in der Größenordnung von 1000 Atmosphären liegt.

# Zweiter Teil

# Der absteigende Saftstrom oder Assimilatstrom

## Einführung

Es bedeutet eine große Erleichterung, daß man an die Erforschung und Betrachtung des Assimilatstromes mit dem ganzen Erfahrungsschatz herangehen kann, den 2 Jahrhunderte bei der Erforschung des Transpirationsstromes zusammengetragen haben. Natürlich darf man dabei nicht in den Fehler verfallen, die beim einen Stofftransport gewonnenen Erfahrungen einfach schematisch auf den anderen zu übertragen, sondern man muß das Unterscheidende genau so gewissenhaft herausarbeiten wie das Gemeinsame. Wir werden im Bau der Leitbahnen auffallende Homologien, auch in den Geschwindigkeiten eine ähnliche Größenordnung finden, während die stoffliche Zusammensetzung ganz anders, die Konzentration in den Assimilatleitbahnen vielmals höher ist. Bezüglich der Mechanik des Transportes neigt heute die Mehrzahl der Forscher zur Auffassung, daß Assimilat- wie Transpirationsstrom Massenströmungen sind, bei denen das Gelöste von irgendwie hydraulisch bewegtem Wasser befördert wird, während eine Minderzahl von Forschern für den Assimilatstrom eine grundsätzlich andere Bewegungsmechanik (Molekularbewegung) annimmt. Auf jeden Fall überwiegen in den lebenden Assimilatleitbahnen positive, in den toten Wasserleitbahnen negative Drucke.

Merkwürdigerweise hat man sich mit dem Transport der Assimilate erst sehr spät ernstlich zu beschäftigen begonnen. Noch der führende Pflanzenphysiologe des vorigen Jahrhunderts, Julius Sachs, sah in der Verteilung der Assimilate auf die Bedarfsstellen kein Problem, weil die Diffusion durch freies Spiel der Kräfte für Konzentrationsausgleich sorge. Wohl hat ihm sein großer Schüler De Vries bereits entgegengehalten, daß die Diffusionsleistung zur Versorgung über größere Strecken quantitativ nicht ausreiche; aber die Nachwelt hat sich um diesen Hinweis Jahrzehnte nicht gekümmert. Erst 1922—1930 führten quantitative Überlegungen Dixon und Münch auf die völlig offene Problematik der Assimilatleitung. Seit dieser Zeit ist die Frage nicht mehr zur Ruhe gekommen, sondern beschäftigt die gewiegtesten Beobachter und Experimentatoren, so wie das Münch im Vorwort seines 1930 erschienenen Buches über „Die Stoffbewegungen in der Pflanze" vorausgesagt hatte: „Wer sich auf dem Gebiete der Saftströmungen, diesem seit Jahrhunderten bevorzugten Tummelplatz der pflanzenphysiologischen Forschung, Lorbeeren holen will, wird sie weniger beim Transpirationsstrom zu suchen haben, dessen Erforschung sich dem Ende zu nähern scheint; ein größeres und aussichtsreicheres, wenn auch vielleicht schwierigeres Feld der Bestätigung bilden die Probleme der Strömungen des Bildungssaftes."

Wir betrachten die einschlägigen Fragen in der gleichen Reihenfolge wie beim Transpirationsstrom, nämlich

    A. die Bahnen,
    B. die stoffliche Zusammensetzung,
    C. die Geschwindigkeiten und
    D. die Kräfte.


## A. Die Bahnen

Wie der Transpirationsstrom so bewegt sich auch der Assimilatstrom auf dem weitaus größten Teil seines Weges in besonderen Leitungsbahnen. Zum Unterschied von den verholzten Gefäßbahnen (dem Xylem; von griechisch xylon = Holz) nennen wir diese auf Grund gleich zu besprechender anatomischer Besonderheiten *Siebbahnen* oder Phloem (von griechisch phloios = Rinde). Bei ausdauernden Holzgewächsen liegen die Gefäßbahnen im Holz, die tätigen vor allem in den jüngst gebildeten Zuwachsschichten des Splintholzes, die Siebbahnen entsprechend in der Rinde und zwar in der jüngsten Innenrinde (Safthaut).

Nur auf ganz kurzen Strecken (meist unter ein Millimeter) vollzieht sich auch beim Assimilatstrom der An- und Abtransport außerhalb der Leitbündel. Wir werden uns mit den Besonderheiten dieses „extrafaszikulären" (d. h. außerhalb der Leitbündel liegenden) Stromes gesondert beschäftigen (s. u. S. 113 f.).

Wie wir bei der Darstellung der Gefäßbahnen die volle Entfaltung bei Lianen vorangestellt und erst nachher die Vorläufer-

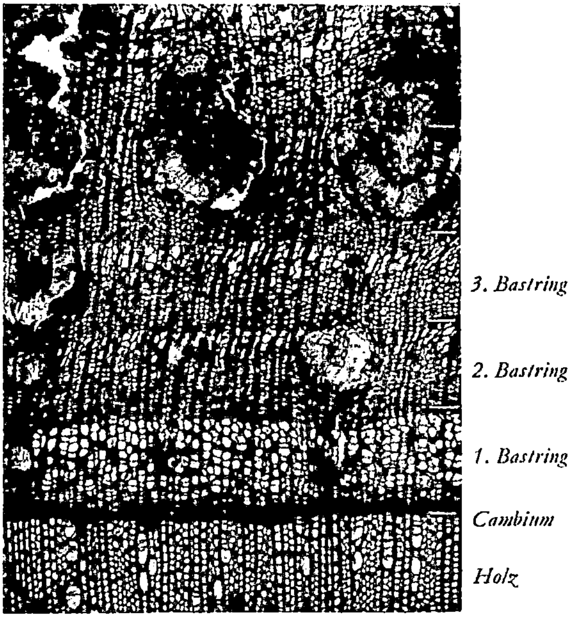


Abb. 51. Querschnitt durch Holz, Cambium und Bast der Erle, 40:1. Der Bast zeigt spiegelbildlich zum Holz deutlichen Jahrringbau mit Häufung der Siebröhren im Frühbast. Nach HOLDHEIDE u. HUBER

stufen behandelt haben, so schärfen wir auch unseren Blick für die Besonderheiten der Assimilatleitbahnen am besten, indem wir sie zuerst bei Objekten studieren, bei denen größere Mengen von Assimilaten auf weite Strecken zu befördern sind wie im Stamme unserer Bäume oder auf dem schmalen Querschnitt der Lianen. Betrachten wir einen Querschnitt durch einen Birken- oder Erlenstamm nahe der Holz und Rinde ergänzenden Zuwachsschicht (Cambium; Abb. 51), so finden wir spiegelbildlich zu den Jahresringen des Holzes die wesentlich schmäleren Jahreszuwächse der

Rinde. Wie sich im Holz die wasserleitenden Gefäße im Frühholz
häufen, im Spätholz spärlicher werden, so finden wir auch im
Frühbast mehr und größere Querschnitte eines den Gefäßen
homologen Röhrensystems, das in die Grundmasse parenchyma-
tischer Speicherzellen eingebettet ist. Auf radialen Längsschnitten
findet man die geneigten
Endflächen im Holz lei-
terförmig durchbrochen.
Auch im Bast sieht man
solche Leiteranordnun-
gen; die Räume zwischen
den Leitern sind aber
nicht offen, sondern be-
sitzen eine Membran, die
durch zahlreiche feine
Öffnungen förmlich ge-
siebt erscheint (Abb. 52).
THEODOR HARTIG, der
1837 diese Gebilde zuerst
sah, nannte daher die da-
mit ausgestatteten Ele-
mente *Siebröhren*, eine an-
schauliche Bezeichnung,
welche die gesamte Welt-
literatur beibehalten hat
(sieve tubes, tubes crib-
lées, tubi cribrosi). Ein
„Siebfeld" besitzt bei der

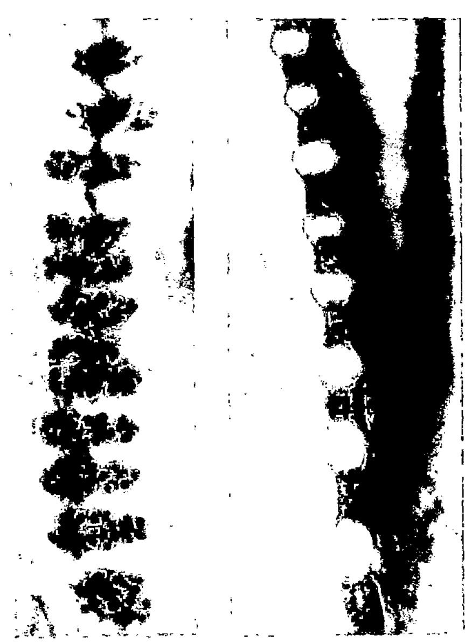

Abb. 52. Leiterförmige Siebplatte des Wein-
stocks in Flächenansicht und Schnitt. Nach
ESAU

Birke etwa 30 Poren; diese Poren sind im Frühbast um 3 Mikron
($\frac{1}{1000}$ mm, abgekürzt $\mu$) im Spätbast nur etwa 1 Mikron weit. Auch
die Längswände besitzen eine Siebfelderung mit noch wesentlich
feineren Poren (Abb. 53). Es besteht also eine Arbeitsteilung
zwischen verhältnismäßig grob gesiebten Quer- und wesentlich
feiner gesiebten Längswänden.

Die Arbeitsteilung zwischen Längs- und Querwänden hat sich
erst im Laufe der botanischen Stammesgeschichte herausgebildet:
Wie wir im Holze die geschlossenen Tracheiden als Vorläufer der
durchbrochenen Tracheen kennen gelernt haben, so besteht auch

das Assimilatleitungssystem primitiver Gewächse aus geschlossenen Einzelzellen mit allseits ziemlich gleichmäßiger Siebtüpfelung (Abb. 54). Wir sprechen in diesem Fall von Sieb*zellen*. Sie lassen sich leicht auf die Urform der Cambiumzellen zurückführen, deren Protoplasten untereinander stets durch primäre Tüpfelfelder mit Plasmodesmen (Plasmabrücken) verbunden sind. Wir finden solche einfachen Siebzellen bei Algen[1], Moosen, Farnen und Nacktsamern, aber auch noch bei einzelnen primitiven Bedecktsamern (Angiospermen), z.B. manchen Rosaceen.

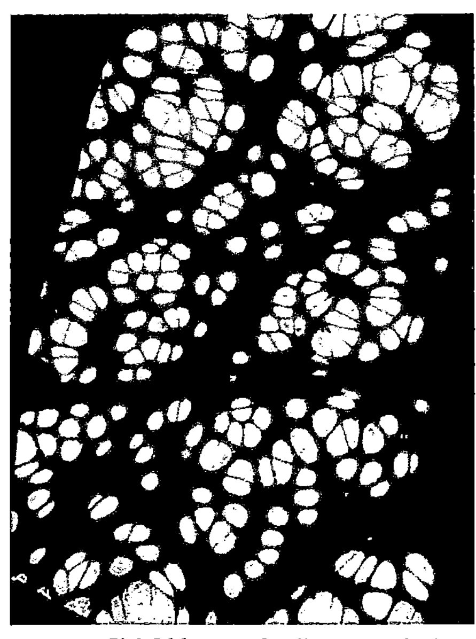

Abb. 53. Siebfelderung der Längswand einer Siebröhre der Birke. Nach einer elektronenmikroskopischen Aufnahme (3200:1) von VOLZ

Auf der anderen Seite bleibt die Siebfelderung so wenig wie die Gefäßdurchbrechung im Holz bei der Leiteranordnung stehen; mit zunehmender Wegsamkeit werden die Siebplatten vielmehr quer gestellt („einfache Siebplatten") und dafür um so weitmaschiger durchbrochen. Den Gipfel hat in dieser Hinsicht, soweit bisher bekannt, unsere gemeine Esche (Fraxinus excelsior) mit bis 15 $\mu$ weiten Maschen erreicht (Abb. 55); unsere Praktiken und Hochschullehrbücher haben sich aber meist noch nicht auf dieses Objekt umgestellt, sondern zeigen mit Vorliebe die Siebplatten des Kürbis, also einer Kletterpflanze mit hochentwickeltem Leitungssystem.

---

[1] Da Assimilate im Gegensatz zum Wasser schon bei größeren Wasserpflanzen über weite Strecken transportiert werden, findet sich ein typisches Assimilatleitungssystem mit Siebröhren bereits bei den größten Braunalgen aus der Familie der Laminariaceen, besonders den an die hundert Meter lang werdenden Macrocystis-Arten der Sargassosee.

In den Tropen werden sich bei planmäßiger Suche wohl noch
weitmaschigere Siebröhren finden, es sieht aber fast so aus, als
wäre eine völlige Weglösung der
Querwände entsprechend der einfachen Gefäßdurchbrechung im Siebröhrensystem nicht erreicht worden.
Auch mehrfeldrige Siebplatten sind
viel häufiger als leiterförmige Gefäßdurchbrechungen. Man hat in dieser
Hinsicht von einer „stammesge-
schichtlichen Trägheit" des Assimilat-
leitungssystems gesprochen, weil es
die Entwicklungsrichtung des Gefäß-
systems nur zögernd mitmacht. Man
wird aber wohl annehmen müssen,
daß dieses abweichende Verhalten
physiologisch begründet ist und die
Siebung für die Wanderung der Assimilate irgend eine — leider noch
völlig unbekannte — Bedeutung hat.

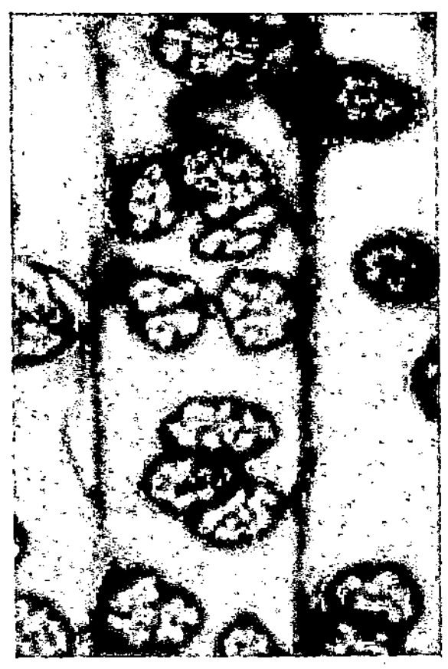

Abb. 54. Siebtüpfel auf den
Siebzellen der Lärche, 800:1.
Nach Huber

Wir müssen nun noch 2 weitere überaus wichtige Besonderheiten
des Siebröhrensystems gegenüber dem Gefäßsystem hervorheben:

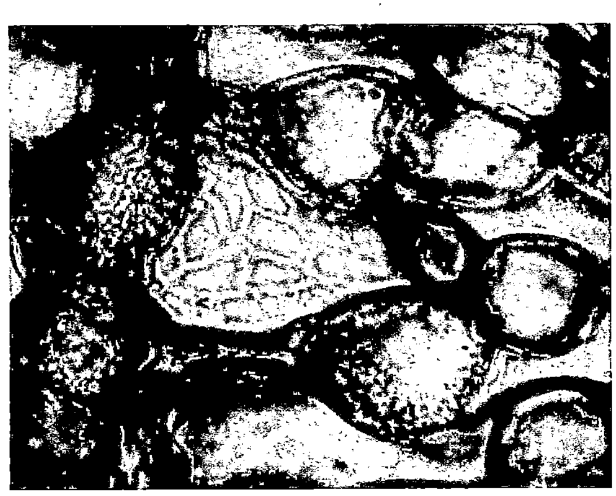

Abb. 55. Querschnitt durch Eschenrinde 700:1; in der Mitte eine Siebröhre
mit ungewöhnlich weitmaschiger Siebplatte. Nach Huber

1. Ist das Siebröhrensystem in der Regel *nicht verholzt*, die Wände bestehen vielmehr aus Cellulose und zeichnen sich auf dem Querschnitt durch besonders hohe Lichtbrechung aus; das französische Schrifttum spricht geradezu von Perlmutterglanz (état nacrée). Die eigentlichen Siebporen sind von einer färberisch auffallenden Substanz ausgekleidet, im Zustand der Winterruhe sogar völlig verschlossen, die man Callose nennt. Dieser Stoff findet sich bereits auf den Siebplatten der Brauntange. Obwohl er sich begreiflicherweise nicht in Mengen gewinnen läßt, wie sie eine chemische Makroanalyse verlangt, ließ sich neuerdings doch durch planmäßigen Abbau zeigen, daß an seinem Aufbau ausschließlich Traubenzucker (Glucose) beteiligt ist, daß er also der Cellulose chemisch nahe verwandt ist. Die fehlende Verholzung dürfte mit dem vorwiegend positiven Druck im Siebröhrensystem (s. u. S. 87 f.) zusammenhängen, der eine Aussteifung durch Lignin überflüssig macht.

2. Wohl noch wichtiger als das bisher Erwähnte ist, daß die Siebröhren im Gegensatz zu den Gefäßen in ihrem funktionsfähigen Zustand noch von einem zwar dünnen, aber *lebenden Plasmabelag* ausgekleidet sind. Dieser weist allerdings gegenüber dem anderer Zellen einige wichtige Veränderungen auf. Die wichtigste von allen ist der *Schwund der Zellkerne* bei der Reife der Siebröhren. Er ist auch in den neuesten Untersuchungen der besten Cytologen immer wieder bestätigt und mikrophotographisch belegt worden (Abb. 56[1]). Man ist sich daher darüber einig, daß die Sieb-ähnlich den Gefäßbahnen im Dienste ihrer Aufgabe in Richtung auf eine erhöhte Durchlässigkeit verändert sind, obschon diese Veränderungen bei den Siebröhren nicht so weit gehen wie bei den Gefäßen.

Mit diesen Veränderungen dürfte auch zusammenhängen, daß die Siebröhren viel kürzer funktionsfähig bleiben als irgend ein anderes vegetatives Gewebe: Meist endet ihre Tätigkeit bereits mit der Vegetationsperiode, seltener fungieren sie nach Auflösung der winterlichen Callusverschlüsse wenigstens überbrückend noch ein zweites Jahr bis zur Ausbildung neuer Leitungsbahnen. Dann fallen die Siebröhren zusammen und werden von

---

[1] In manchen Fällen kann man im Zellinhalt der Siebröhren noch die übriggebliebenen Kernkörperchen (Nucleolen) identifizieren.

überlebenden Nachbarzellen zerdrückt (Abb. 57). Der Vorgang
erinnert etwas an die Verstopfung funktionsloser Gefäße durch
Füllzellen (s. o. S. 71). Im Hinblick auf diese Kurzlebigkeit hat man
den Zustand der tätigen Siebröhren sogar „prämortal" genannt.

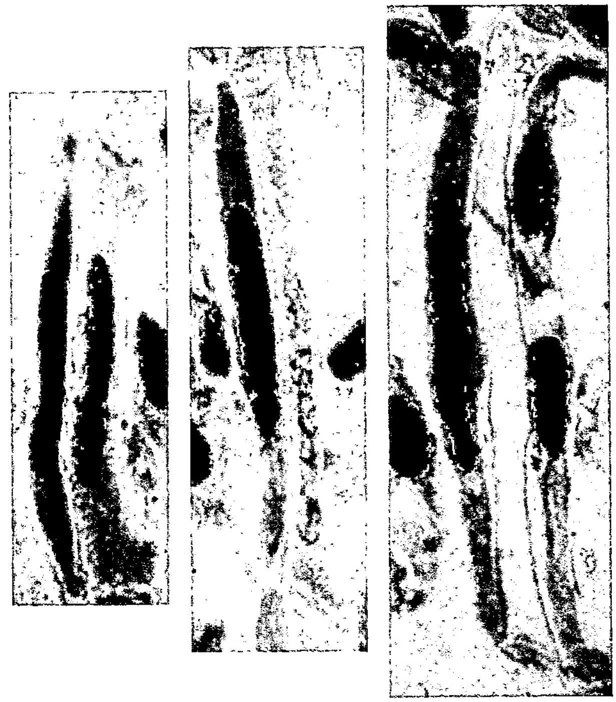

Abb. 56. Allmählicher Kernschwund in Siebröhrengliedern der Saubohne,
während die links anliegenden Geleitzellen ihren Kern behalten, 700:1.
Mazerationspräparate (Karminessigsäure-Quetschmethode). Nach RESCH

Im Zusammenhang mit diesem einzigartigen Zustand richtet
sich die Aufmerksamkeit in letzter Zeit immer mehr auf die Tatsache, daß die in mancher Hinsicht defekten Siebröhren ganz gesetzmäßig von Zellen begleitet werden, welche durch den Besitz
von großen Kernen und viel Plasma geeignet erscheinen, das den
Siebröhren Fehlende irgendwie auszugleichen. Am auffallendsten
ist das bei den echten Siebröhren der Angiospermen, welche regel-
mäßig von ein oder mehreren *Geleitzellen* begleitet sind (Abb. 56).

Eine ungleiche (inäquale) Teilung der Siebröhren-Mutterzellen sorgt dafür, daß jedes Siebröhrenglied mindestens eine solche Geleitzelle bekommt. Bei den längeren Siebzellen der Gymnospermen fehlt eine solche strenge Zuordnung, aber auch sie lehnen sich in ihrem Verlauf stets irgendwo an ähnlich großkernige plasmareiche „*Eiweißzellen*" der Markstrahlen oder des Parenchyms an (Abb. 58). Aus neuen histochemischen Untersuchungen weiß man, daß diese Geleit- und Eiweißzellen u. a. der Sitz von phosphorylierenden und dephosphorylierenden Fermenten sind, welche den Siebröhren selbst fehlen. Näheres werden wir darüber bei der Betrachtung des Chemismus der Siebröhren (Abschnitt B) hören.

In den Leitbündeln („Nerven") krautiger Pflanzen finden wir grundsätzlich ganz ähnlich gebaute Siebröhren und Geleitzellen. Die Siebbahnen laufen hier Seite an Seite (collateral), in der Wurzel radial abwechselnd mit den Gefäßbahnen; seltener umschließen sie einen Holzteil (ha-

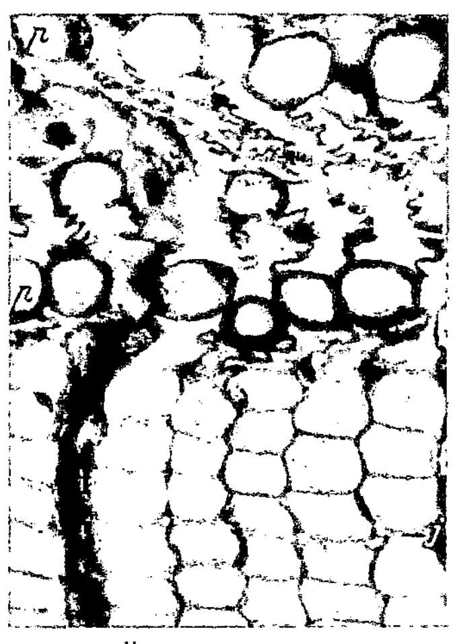

Abb. 57. Übergang von den offenen zu den kollabierten Siebzellen der Fichte (Bastquerschnitt 300:1). *p* überlebende Parenchymzellen. Nach HUBER

drozentrisch) oder werden von einem solchen umschlossen (leptozentrische Bündel einiger Monocotylen).

Wir haben bisher stillschweigend vorausgesetzt, daß die den Gefäßbahnen des Holzes anatomisch so eindeutig homologen Siebbahnen der Rinde die Assimilatleitbahnen sind, müssen dafür aber nunmehr noch den Beweis antreten. Er ist in vollem Umfange negativ durch Ausfallversuche, positiv durch die Untersuchung des Inhaltes erbracht worden, so daß in dieser Hinsicht keine Zweifel offen geblieben sind.

Der älteste Lokalisierungsbeweis für die beiden Saftströme gründet sich auf den *Ringelungsversuch* MALPIGHIS (1675; Abb. 59): Trägt man in der Saftzeit einen bis aufs Cambium reichenden

Rindenring ab, so läuft die Wasserversorgung ungestört weiter, die Blätter bleiben turgeszent (bei einer berühmt gewordenen Linde im Elsaß über ein Jahrhundert); dagegen wird die Leitung der Assimilate unterbrochen, die unterhalb der Ringelungsstelle liegenden Teile legen höchstens auf Grund von Stoffreserven schwache Zuwächse an, sofern hier nicht ernährende Äste belassen worden sind. Über der Ringelung stauen sich dafür die Assimilate,

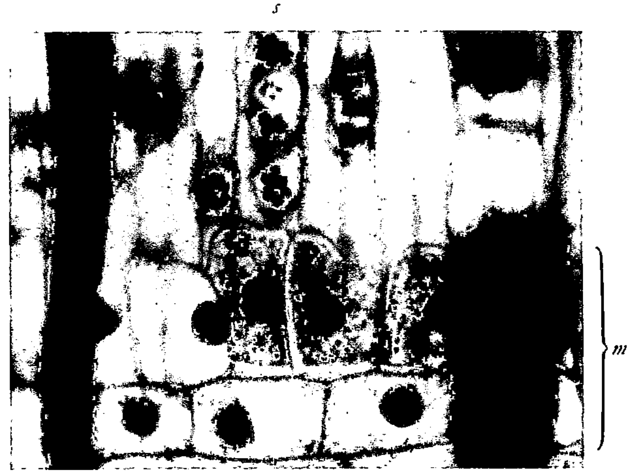

Abb. 58. Die langen Siebzellen der Nadelhölzer (*s*) lehnen sich in ihrem Verlauf stets irgendwo an großkernige und plasmareiche „*Eiweißzellen*“ der Markstrahlen (*m*) an, mit denen sie auch durch kleine Siebtüpfel verbunden sind. Nach Esau

führen zu Calluswucherungen, welche die Lücke zu überbrücken trachten, bisweilen sogar zu Bewurzelungen. Aus diesem Versuch schloß bereits Malpighi, daß das Wasser im Holz aufwärts, die organischen Bildungsstoffe in der Rinde abwärts strömen.

Nachdem diese Entscheidung im großen gefallen war, legt bereits die anatomische Betrachtung die Vermutung überaus nahe, daß die Strömung in der Rinde die den Gefäßbahnen des Holzes homologen Siebbahnen benützt. Unsere kritische Zeit begnügt sich aber nicht gerne mit solchen Indizien, und so hat Schumacher bei einem hierfür besonders günstigen Objekt, dem Blattstiel der Pelargonie experimentell den strengen Lokalisierungsbeweis erbracht: Die nächtliche oder auch durch Verdunkelung künstlich erzwungene Kohlenhydrat- und Aminosäure-Auswanderung geht weiter, wenn der Holzteil, stockt dagegen, wenn der Siebteil des Leitbündels durchgetrennt wird. Dasselbe lehrt die Untersuchung von Minierlarven benagter Blätter: Wo die Larven mit ihren Fraßgängen die Siebbahnen unterbrechen, stauen sich oberhalb die Assimilate (Stärkenachweis), wo sie nur die Holzbahnen treffen, bleibt die Kohlenhydratwanderung ungestört. Man konnte sogar beweisen, daß es innerhalb der Siebbahnen wirklich die Siebröhren und nicht die Geleitzellen sind, in denen die Strömung erfolgt: Bei der Erprobung von Farbstoffen für Geschwindigkeitsbestimmungen (s. u. S. 98) zeigte sich, daß Eosin vorzeitigen Siebröhrenkollaps auslöst, während die Geleitzellen intakt bleiben. Aber schon dieses Zusammenfallen der Siebröhren genügt, um den Assimilatstrom zu unterbinden. Auch dieses Ergebnis war anatomisch vorauszusehen, da wohl die Siebröhren,

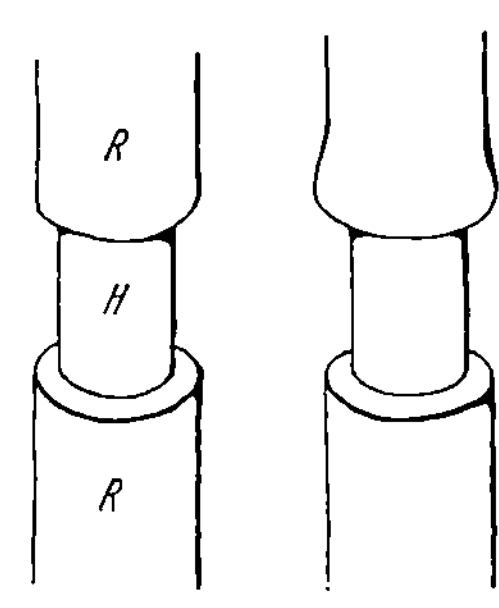

Abb. 59. Der Ringelungsversuch Malpighis (links) führt zu Assimilatstauungen und Anschwellung oberhalb der Ringelung (rechts). *H* Holz, *R* Rinde

sehr häufig dagegen nicht die Geleitzellen die von jedem Leitungssystem zu fordernde Kontinuität aufweisen.

Schwerer noch als die Ausschaltungsversuche wiegen in meinen Augen die positiven Befunde, daß gerade die Siebröhren jene organischen Stoffe in großen Mengen führen, welche wir als Wanderstoffe vermuten, in erster Linie Zucker, daneben aber auch organische Stickstoffverbindungen. Wir wollen uns daher nunmehr mit der chemischen Zusammensetzung des Siebröhrensaftes beschäftigen.

## B. Chemische Zusammensetzung des Siebröhrensaftes

### 1. Gewinnung des Saftes

1858 veröffentlichte der Entdecker der Siebröhren, THEODOR HARTIG, eine kurze Mitteilung „Über den Herbstsaft der Holzpflanzen", der er 1860/61 ausführlichere Mitteilungen in den damals führenden botanischen und forstlichen Zeitschriften folgen

ließ. In diesen Arbeiten teilte er folgendes mit: Führt man in
der zweiten Hälfte der Vegetationsperiode mit einem scharfen
Messer Schnitte in jene innerste Rindenschicht, welche die tätigen
Siebröhren enthält (HARTIG hatte für diese Schicht die Bezeichnung „Safthaut" vorgeschlagen), so treten aus den stark turges-
zenten Siebröhren Tropfen aus, welche gesammelt und analysiert
werden können. Diese Tropfen enthalten neben wenig (unter 1 %)
Asche und etwas stickstoffhaltiger Substanz ganz vorwiegend
(bis 30%) Zucker.

Diese Feststellung paßte dem großen, aber überaus selbstherr-
lichen Meister der damaligen Pflanzenphysiologie, JULIUS SACHS,
nicht in sein Lehrgebäude (s. u. S. 103), er zitierte die Arbeit mit
ein paar abfälligen Bemerkungen, setzte hinter die Zahlenangabe
für den hohen Zuckergehalt kurzerhand ein Fragezeichen und
erreichte damit, daß HARTIGS Beobachtung für Jahrzehnte der
Vergessenheit anheimfiel. Erst MÜNCH hat in seinem Buch „Die
Stoffbewegungen in der Pflanze" (Jena 1930) die wichtige Beobachtung einer 70jährigen Vergessenheit entrissen. Seither ist das
Zapfen von Siebröhrensaft eines der grundlegenden Hilfsmittel
der Siebenröhrenforschung geworden, dem ein Großteil der inzwischen gewonnenen Einblicke zu verdanken ist. Wir müssen
uns daher mit dem Versuch etwas eingehender beschäftigen.

Zur Gewinnung von Siebröhrensaft eignen sich am besten
stärkere, aber noch glattrindige Bäume. Als besonders zuverlässig
hat sich die amerikanische Roteiche (Quercus borealis) erwiesen,
die viel länger als unsere Eichen unverborkt bleibt (Abb. 60).
Auch Robinien liefern leicht und ergiebig Saft besonders hoher
Konzentration; gut sind auch Linden, Eschen und Roßkastanien.
Wenn man unbedingt Wert darauf legt, ist wohl aus allen Laubbäumen und vielen krautigen Pflanzen Siebröhrensaft zu gewin-
nen. Recht unergiebig ist leider unser häufigster Laubbaum, die
Rotbuche (Fagus silvatica): Die schmale Safthaut liegt hier ähn-
lich wie bei der Birke schwer zugänglich hinter einem harten
Panzer von Steinzellen. Über die Möglichkeit, Siebröhrensaft von
Nadelbäumen zu gewinnen, sind die Akten noch nicht geschlos-
sen: Verfasser hat beim Anschnitt von Eiben zeitweilig eindeutig
Siebröhrensaft austreten gesehen, dagegen ältere Angaben über
Zuckersaftfluß bei Kiefern nicht reproduzieren können (Versuche

mit der amerikanischen „Zuckerföhre" Pinus lambertiana wären lohnend). Hier wirkt der Harzaustritt ebenso störend wie der von Milchsaft beim Spitzahorn (Acer platanoides).

Auch bei geeigneten Objekten erfordert der Austritt von Siebröhrensaft einen Turgor, der nicht immer vorhanden ist. Die Dinge liegen im Grunde nicht anders als beim oben (S. 45) besprochenen Blutungssaft des Holzes. Während aber dieser vor allem im Frühjahr vor der Belaubung gewonnen werden kann, kulminiert die Saftergiebigkeit des Siebröhrensystems im Herbst, weshalb TH. HARTIG vom „*Herbstsaft*" spricht. Besonders in der Zeit kurz vor dem Laubabfall pflegt die imponierende Leistung des Rücktransportes aller wertvollen Stoffe aus den Blättern von einem Höhepunkt der Saftergiebigkeit begleitet zu sein. Trotzdem wäre es falsch, in der Saftergiebigkeit einfach ein Maß für die Intensität des Assimilatstromes zu erblicken. Wenn in der ersten Hälfte der Vegetationsperiode kaum je Siebröhrensaft zu gewinnen ist — ich habe vor dem 20. Juni selten mit Erfolg angeschnitten —, so mag wohl sein, daß um diese Zeit die Assimilate noch vorwiegend zum örtlichen Aufbau verwendet werden und weniger in die Speicherorgane wandern; es kann aber ebenso gut sein, daß einfach der Turgor zum Auspressen fehlt. Der Assimilatstrom

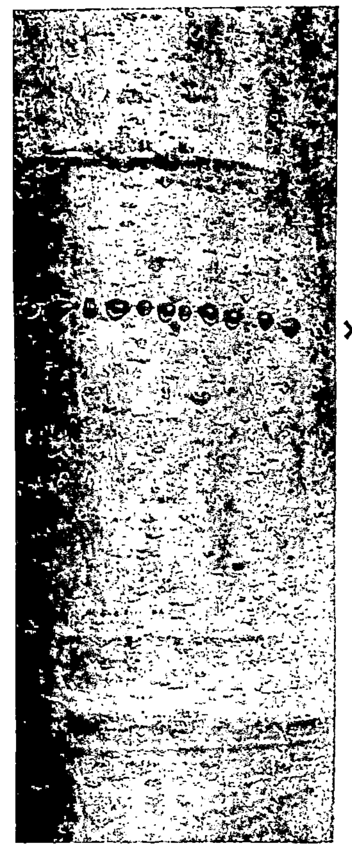

Abb. 60. Austritt von Siebröhrensaft-Tropfen beim Anschneiden der „Safthaut" der Roteiche. Nach MÜNCH

geht nämlich nachweislich auch in welken Organen weiter, welche natürlich ebenso wenig Saft liefern wie Gefäße zur Zeit der Transpirationssaugung. Wahrscheinlich kann die Strömung in den Siebröhren genau wie in den Gefäßen sowohl als Druckströmung wie als Saugströmung vor sich gehen, obschon in den lebenden Siebbahnen zum Unterschied von den toten Gefäßbahnen positive Drucke vorzuherrschen scheinen (daher bedürfen erstere ja auch nicht der Verholzung). Im Tagesgang dürfte das Nachlassen der Saftergiebigkeit um Mittag sicher bloß auf den geringeren Turgor zurückzuführen sein und keinen Schluß auf die Stromstärke zulassen.

Die Herkunft des Siebröhrensaftes von oben (aus der Krone) gibt sich dadurch zu erkennen, daß nach Durchtrennung der Safthaut an einer bestimmten Stelle stammabwärts geführte Schnitte keinen weiteren Saft liefern, während stammaufwärts in einigem Abstand wieder Siebröhrensaft austritt. Überhaupt nimmt die Saftergiebigkeit wipfelwärts deutlich zu.

Zur Technik des Zapfens ist noch zu sagen, daß der Schnitt sorgfältig gerade in die Safthaut geführt werden muß. Bei einiger Übung fühlt man den größeren Widerstand des nahen Holzkörpers und lernt diesen vermeiden. Gerät man gelegentlich doch ins Holz, so hört man ein allen Beobachtern geläufiges Zischen, und der Siebröhrensaft wird in die Gefäße gesogen, statt nach außen zu treten. Umgekehrt haben wir uns durch nachträgliche anatomische Untersuchung überzeugt, daß nur ein in die offenen, tätigen Siebröhren führender Schnitt Saft liefert, nicht aber einer, der nur in die älteren Jahresringe der Rinde führt.

Die austretenden Tropfen saugt man am besten in eine Spritzflasche (Abb. 61). Bei guter Saftergiebigkeit bringt ein geschickter Sammler stündlich an die 40 cm³ zusammen.

Für die Pflanze wichtig ist, daß sich der Austritt von Siebröhrensaft fast ganz auf die augenblickliche Entspannung beschränkt und der Saftfluß nur selten über eine Minute anhält (Ausnahme: Manna-Esche s. u. S. 93 f.). Offenbar kommt es wie bei Verletzung der Blutbahnen schnell zu einem spontanen Wundverschluß und einer Gerinnung, an der ein bei manchen Arten an der Luft aus dem Siebröhrensaft feinflockig ausfallender Niederschlag vorläufig unbekannter Zusammensetzung beteiligt sein könnte.

Erst nachdem die Wissenschaft das Anschneiden von Siebröhren und die Gewinnung ihres Inhaltes gelernt hatte, ist man
daraufgekommen, daß zahlreiche Lebewesen diese Technik schon
viel früher entwickelt haben: *Viele Pflanzensäfte saugende Insekten,
vor allem die Blattläuse, stechen mit wahrer Meisterschaft gerade in die
Siebröhren,* die sie nach wenigen Probestichen zu finden wissen,
und beuten ihren Inhalt aus. Sie stellen damit ein unmittelbares
Gegenstück zu den blutsaugen-
den Insekten wie den Stech-
mücken dar. Der Parallelismus
erstreckt sich nicht nur darauf,
daß die Durchströmung trotz
des Stiches weiterläuft, sondern
leider auch darauf, daß beide In-
sektengruppen bei der *Übertragung von Krankheiten* eine ver-
hängnisvolle Rolle spielen. Bei
den Pflanzen handelt es sich in
erster Linie um Viruskrankheiten,
die ganz vorwiegend auf diesem
Wege übertragen und mit dem
Assimilatstrom weiterverbreitet
werden; in den Tropen sind aber
auch der Malaria und Schlaf-
krankheit verwandte Flagellaten-

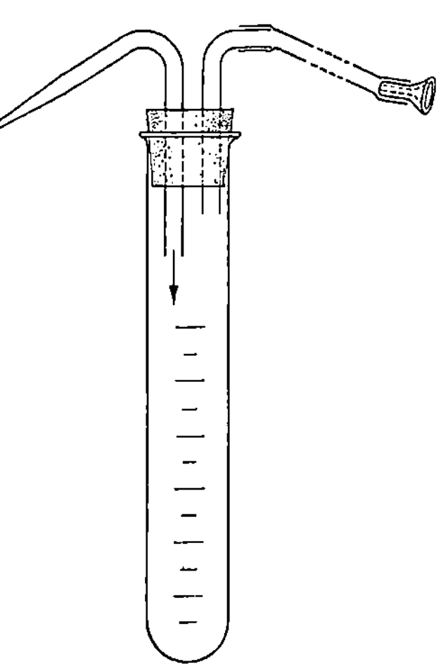

Abb. 61. Saugröhrchen zum
Sammeln von Siebröhrensaft

und Sporozoenkrankheiten der Siebröhren beobachtet worden,
die durch Insektenstiche übertragen werden. Als Beispiel sei
Phytomonas leptovasarum genannt, das in Mittelamerika eine
berüchtigte Kaffeekrankheit verursacht (Abb. 62). Die moderne
Schädlingsbekämpfung gilt daher in diesem Punkte auch weniger
der unmittelbaren Fraßwirkung der Insekten als der mittelbaren
Bekämpfung der durch sie übertragenen Viruskrankheiten.

Natürlich bedarf es in jedem einzelnen Fall erst besonderer
Untersuchung, ob ein saugendes Insekt auch wirklich vom Siebröhrensaft lebt. Mancher Sauger mit bescheidenem Nahrungs-
bedarf begnügt sich auch mit dem Anstich von Parenchymzellen,
die bald erschöpft sind und daher öfter gewechselt werden müssen. Ein verbreitetes Kennzeichen von Siebröhrensaft-Saugern

ist die Produktion von *Honigtau*. Über die Herkunft dieser seit dem Altertum bekannten süß-klebrigen Überzüge auf Blättern und Nadeln herrschte lange Zeit Unklarheit. Anfänglich vermutete man — wie der Name andeutet — einen Niederschlag aus der

Abb. 62. Pathogene Flagellaten in den Siebröhren des Kaffeebaumes. Nach Stahel

Atmosphäre; dann dachte man an eine der Nektarproduktion der Blüten vergleichbare spontane Ausscheidung überschüssiger Säfte durch die Pflanze selbst; schließlich aber stellte sich in allen bisher genügend sorgfältig durchanalysierten Fällen heraus, daß *der Honigtau eine Ausscheidung von Blattläusen* und anderer Siebröhrensaft saugender Insekten ist[1].

Der Sinn dieser merkwürdigen Ausscheidung ergibt sich ganz klar aus der im folgenden zu besprechenden chemischen Zusammensetzung des Siebröhrensaftes. Dieser stellt nämlich viel mehr als das Blut[2] eine sehr einseitige Nahrung dar: Großen Mengen an Zuckern stehen ganz unzureichende an stickstoffhaltigen Verbindungen gegenüber. Um diese auf das biologisch notwendige Maß anzureichern, besitzen die betreffenden Insekten in ihrem Darmtrakt eine „Filterkammer", welche die genannten Stoffe zurückhält, die überschüssigen Zucker aber abscheidet. Eine Zeitlang hat man den leichter gewinnbaren Honigtau an Stelle des Siebröhrensaftes als Anhaltspunkt für dessen Zusammensetzung analysiert; es hat sich aber dann doch gezeigt, daß der Saft bei der Passage des Insektendarms

---

[1] Für einige große Mengen eines dünnflüssigen Sekretes abscheidende Zikaden hat sich gezeigt, daß sie Gefäßwasser und nicht Siebröhrensaft saugen.

[2] Auch blutsaugende Insekten ergänzen nach Buchner ihre einseitige Nahrung durch die Wirkstoffe ihrer Symbionten.

chemisch nicht unwesentlich verändert wird: Zum Beispiel kommt
das Trisaccharid des Lärchenhonigs Melezitose in den Siebröhren
noch nicht vor, sondern wird erst im Läusedarm synthetisiert.
Trotzdem bedient sich auch die jüngste Experimentierkunst bei
der Gewinnung von Siebröhrensaft gerne der Vermittlung von
Blattläusen; man köpft diese aber, sobald
ihre Honigtauproduktion einsetzt, und
gewinnt, da der Rüssel zu saugen fort-
fährt, einen noch nicht vom Darm veränderten Siebröhrensaft. Die Mengen
reichen für papierchromatographische
Bestimmungen. Auf die wichtigen Er-
gebnisse solcher Versuche werden wir
später noch zu sprechen kommen.

Von den Mengen der durch pflanzen-
saugende Insekten entzogenen Nahrung
machen sich die wenigsten eine Vorstellung: An Honigtau liefernden Fichten
hat man die Gewichtsdifferenzen der
stammauf- und -abwärts eilenden Amei-
sen bestimmt und festgestellt, daß je
Baum und Tag etwa 250 g, im Monat bis
zu 5 kg Honigtau eingetragen werden;
in einer Vegetationsperiode entspricht
das 700 kg je Hektar oder $\frac{1}{6}$ der gleich-
zeitigen Holzproduktion. Eine ganze
Biocönose (im Fichtenwald nachweislich
250 verschiedene Insekten) lebt von
dieser Nahrungsquelle. Über die Tracht

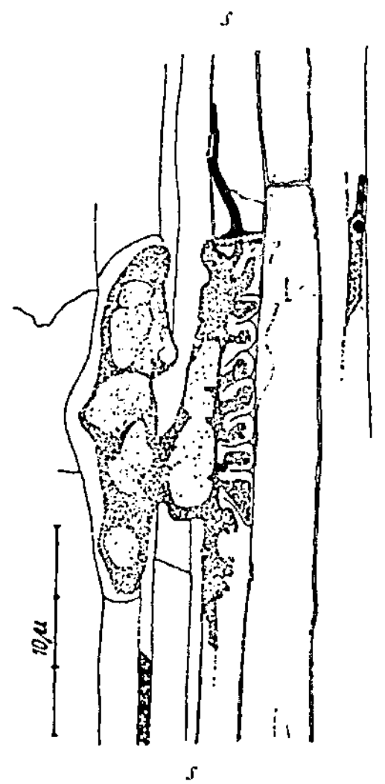

Abb. 63. Haustorium einer
Schmarotzerpflanze (Cus-
cuta odorata), eine Sieb-
röhre des Wirts *s—s* mit
fingerartigen Fortsätzen
umklammernd. Nach
SCHUMACHER

der Bienen kommen vorläufig nur etwa 5% dieser Menge der
menschlichen Ernährung als Waldhonig zugute.

Neben den Insekten sind vor allem *parasitische Samenpflanzen*
schon länger als Ausbeuter gerade der Assimilatleitbahnen erkannt. Man unterscheidet bei den phanerogamen Schmarotzern
bekanntlich 2 in einander übergehende biologische Gruppen: Die
*Halbschmarotzer* wie unsere Mistel besitzen ein voll leistungs-
fähiges Assimilationssystem und erzeugen damit ihre organischen
Substanzen selbst; aus dem Wirte ziehen sie nur das Wasser mit

den Nährsalzen. Dementsprechend streben ihre Senker auf dem kürzesten Wege in die Gefäßbahnen des Holzes. Chlorophyllfreie Ganzschmarotzer wie die Sommerwurz (Orobanche) und die berühmte tropische Schmarotzerfamilie der Rafflesiaceae bedürfen dagegen auch organischer Nahrung; in der Tat streichen ihre fein aufgelösten Saugstränge den Siebröhren entlang oder umgreifen sie sogar mit fingerartigen Fortsätzen (Abb. 63). Nur für

Abb. 64. Die Hyphen des Rostpilzes Gymnosporangium wachsen den Markstrahlen entlang und beuten den laufenden Assimilatstrom aus. 500:1. Nach R. Schmid

unsere gleichfalls chlorophyllfreie Schuppenwurz (Lathraea-Arten) hat sich herausgestellt, daß sie wie ihre grünen Verwandten (Augentrost, Klappertopf u. a.) lediglich die Gefäßbahnen anzapft; da sie aber auf Laubbäumen schmarotzt, kann sie im Frühjahr den Blutungssaft ausbeuten, der, wie oben S. 22 ausgeführt, auch organische Stoffe führt; der Höhepunkt ihrer Entwicklung fällt daher auch in die Zeit der Frühjahrsblutung ihrer Wirte.

Im Gegensatz zu den schmarotzenden Blütenpflanzen war beim Heer der Pilze eine planmäßige Ausbeutung des laufenden Assimilatstromes bis vor kurzem unbekannt. Soweit sie nicht saprophytisch von Abfallstoffen leben, fallen sie als Parasiten meist so

92

mörderisch über ihre Wirte her, daß die befallenen Gewebe und Organe nach kurzer Zeit der Zerstörung anheim fallen. In der höchstspezialisierten Gruppe der Rostpilze, welche schon durch ihren obligaten Wirtswechsel ein ernährungsphysiologisches Abwechslungsbedürfnis verraten, gibt es aber einige Gattungen, welche jahre-, selbst jahrzehntelang mit ihren Wirten zusammenleben, ohne sie zu zerstören. Hier haben neue anatomische Untersuchungen gezeigt, daß sie entweder die Zellen des Assimilationsgewebes selbst (Palisaden der Kiefernnadel) umspinnen oder aber den Assimilatleitbahnen (Siebzellen und Markstrahlen) entlang wachsen und so offenbar von der laufenden Produktion leben (Abb. 64).

Von höheren Tieren ist vor allem ein amerikanischer Specht, der „sapsucker" Sphyrapicus varius der Ausbeutung von Siebröhrensaft verdächtig; auch

Abb. 65. Alter Eschenstock mit 3 Ausschlägen, diese durch spitzenwärts fortschreitende Einschnitte auf Manna genutzt, der ausfließende Siebröhrensaft in „cannelli" erstarrt. Nach HUBER

bei heimischen Spechten ist gelegentlich Anschlagen des Bastes und Lecken des austretenden Saftes beobachtet.

Von den Menschen haben, soweit wir bisher wissen, nur die Araber, diese vorzüglichen Naturbeobachter, die Gewinnung des Siebröhrensaftes schon vor unserer wissenschaftlichen Ära gelernt: Vermutlich durch die Honigtauproduktion angeregt, veranlassen sie verschiedene Eschenarten, besonders die danach benannte Manna-Esche (Fraxinus ornus) durch täglich fortschreitende

Einschnitte in die Rinde zum Austritt von Siebröhrensaft; den austretenden Saft lassen sie an Ort und Stelle auskristallisieren und sammeln die Stangen (cannelli) bei schönem Wetter nur einmal wöchentlich ab (Abb. 65). Eine solche Gewinnungsweise ist natürlich nur in Trockengebieten möglich. Bei Esche wird sie noch durch den Umstand erleichtert, daß die Siebröhren besonders weitmaschig sind und der Saftfluß viel länger anhält als bei anderen Bäumen. Verfasser hat diese eigentümliche Nutzungsweise in Sizilien kennengelernt, wo sie nachweislich auf die Sarazenen zurückgeht.

Einen Sonderfall stellt die Nutzung des „Blutungssaftes" von Palmblütenständen dar: In diese gewaltigen Stände strömen ungeheure Mengen von Assimilaten; beseitigt man die Anlagen, so hält der Zustrom trotzdem längere Zeit an und ergießt sich als Zuckersaft aus den Wunden. Von einer einzigen Zuckerpalme (Arenga saccharifera) können 50 kg Zucker gewonnen oder auch zu Palmwein vergoren werden. Nachdem sich schon MOLISCH durch Anbohren der Stämme überzeugt hatte, daß dieser Saft nicht vom Wurzeldruck geliefert wird, lassen neuere holländische Untersuchungen kaum einen Zweifel, daß es sich um Siebröhrensaft handelt. Vermutlich wird in den Tropen noch bei manchen anderen Pflanzen eine Nutzung von Siebröhrensaft durch Eingeborene vorkommen; für einschlägige Hinweise wäre der Verfasser dankbar.

## 2. Chemische Zusammensetzung des Saftes

Nachdem wir die Gewinnung des Siebröhreninhaltes kennengelernt haben, wollen wir uns mit dem Ergebnis seiner Analyse vertraut machen. An die Spitze muß dabei die Feststellung treten, daß dieser *„Bildungssaft"* TH. HARTIGS im Gegensatz zum „Rohsaft" der Gefäßbahnen *eine hochkonzentrierte Lösung vorwiegend organischer Stoffe* darstellt. Der Trockenrückstand pflegt um 20% zu liegen, kann aber sogar 30% überschreiten (Robinie); nur beim Kürbis ist der Saft verhältnismäßig verdünnt (Mittelwert 8%). Der Aschengehalt liegt unter 1%; alles übrige ist verbrennliche organische Substanz.

Unter den organischen Stoffen steht wiederum der *Rohrzucker weitaus an der Spitze.* In diesem Punkte haben alle neueren Unter-

sucher die Richtigkeit der ersten genauen Analysen durch WIS-
LICENUS vollkommen bestätigt. Im Zeitalter der Papierchromatographie lassen sich Kohlenhydratgemische schon an kleinem Aus-
gangsmaterial elegant trennen. Alle Untersucher betonen dabei
übereinstimmend, daß Monosaccharide wie Trauben- und Frucht-
zucker ($C_6H_{12}O_6$), wenn überhaupt,
dann höchstens in weit geringeren
Mengen vorkommen als das Disac-
charid Rohrzucker ($C_{12}H_{22}O_{11}$).
Für viele überraschend kam, daß
neben freien Zuckern Zuckerphosphate im Siebröhrensaft keine Rolle
spielen. Sie lägen nämlich aus ener-
getischen Gründen als bevorzugte
Wanderform der Zucker nahe. Der
Phosphorgehalt des Siebröhrensaftes beträgt aber in Mol nur etwa ein
Hundertstel des Zuckergehaltes, wobei Zuckerphosphate überhaupt
fehlen. Diese Feststellung wird erst
durch eine zweite Entdeckung der
letzten Jahre verständlich, nämlich
die, daß die Geleitzellen der Siebröhren sowie die Zellen der Gefäßbündelscheide ein Phosphorsäure
abspaltendes Ferment (Phosphatase)
besitzen, das mit bestimmten Farb-
reaktionen heute an Ort und Stelle
nachweisbar ist (Abb. 66). Darnach

Abb. 66. Nachweis der Phosphatase im Siebteil des Mais-
bündels (Querschnitt): Der
Schnitt wird mit Glyzerin-Phos-
phat behandelt, das abgespal-
tene Phosphat an Ort und Stelle
mit Blei gefällt und dieses als
schwarzes Sulfid sichtbar gemacht. Die Phosphatase beschränkt sich auf die Geleitzellen
der Siebröhren *(G)*, während
diese selbst *(S)* phosphatasefrei
sind. Nach FREY

muß man annehmen, daß die von den Bildungsstätten zunächst
als Zuckerphosphate wandernden Kohlenhydrate vor dem Übertritt in die Siebröhren ihrer Phosphorsäurereste beraubt und dafür
zu Disacchariden zusammengeschlossen werden. Bei der Entnahme
aus den Siebröhren wird dann der gleiche Prozeß in umgekehrter
Richtung durchlaufen (Spaltung der Disaccharide und Rückphosphorylierung). Daraus ergeben sich wichtige neue Gesichtspunkte
für die Energetik des Transportes, auf die wir im entsprechenden
Abschnitt (D., S. 103 ff.) zurückkommen werden.

Gegenüber dem Gehalt an Kohlenhydraten tritt der an stickstoffhaltigen organischen Substanzen stark in den Hintergrund. Nach Elementaranalysen liegt der Stickstoffgehalt des Siebröhrensaftes während der Vegetationsperiode unter 0,1 %. Erst knapp vor dem Laubfall steigt der Gehalt an löslichem Stickstoff im Zusammenhang mit dem Eiweißabbau in den Blättern rasch auf das 10fache an; gleichzeitig tritt auch Schwefelwasserstoff in deutlich riechbarer Menge auf[1]. Die Papierchromatographie hat in diesen an sich geringen Mengen immerhin eine ganze Reihe von *Aminosäuren* identifizieren können, so daß der Siebröhrensaft eine recht vollständige Nährlösung, einen echten, dem Blut vergleichbaren Bildungssaft darstellt.

Dieser Eindruck wird noch verstärkt, wenn man aus Spektralanalysen entnimmt, daß im Siebröhrensaft nicht nur die lebensnotwendigen Makroelemente wie Kalium, Calcium, Magnesium und Aluminium, sondern auch die Spurenelemente Eisen, Mangan, Bor, Kupfer usw. nachweisbar sind. Alle diese Elemente sind auch im Honigtau nachgewiesen. Im Gegensatz dazu ist der von den Blüten freiwillig sezernierte Nektar viel einseitiger zusammengesetzt und entbehrt wichtiger Spurenelemente. Die Nahrungsmittelchemiker empfehlen daher neuerdings den wirkstoffreicheren, von den Blattläusen gewaltsam erbohrten Waldhonig vor dem Blütenhonig.

Sicher nicht gleichgültig ist, daß der Siebröhrensaft stets eine schwach *alkalische Reaktion* (pH um 8) besitzt, während das Gefäßwasser immer eher sauer ist. Es scheint, daß diese alkalische Reaktion den Blattläusen das Finden der Siebröhren erleichtert. Über die sonstige Bedeutung dieser Reaktion ist leider noch nichts bekannt; sie muß u. a. Einfluß auf die Eiweißkörper (Plasma) der Siebröhren haben.

Von organischen Wirkstoffen ist durch Fütterung von Insektenlarven neben anderen Vitaminen der B-Gruppe reichlich

---

[1] Auch am Beginn der neuen Vegetationsperiode ist der Stickstoffgehalt verhältnismäßig hoch, sinkt aber nach dem Analysenergebnis von Blattlaussekreten mit der Triebstreckung rasch ab. Dieser Stickstoffmangel löst bei den zunächst ungeflügelten und parthenogenetischen Läusen die Bildung einer geflügelten Geschlechtsgeneration aus, welche den Wirt wechselt und von Bäumen wie dem Pfirsich auf nun erst in volle Entwicklung kommende krautige Pflanzen wie Kartoffeln und Tomaten übergeht. Im Herbst erfolgt Rückwanderung auf den Holzwirt.

Nicotinsäure im Siebröhrensaft nachgewiesen. Die *Fermentausrüstung* erscheint unzulänglich: Es fehlen insbesondere die wichtigsten Atmungsfermente. In dieser Hinsicht sind die Siebröhren ganz offenbar auf die Mitwirkung ihrer Geleitzellen angewiesen, in denen diese den Siebröhren fehlenden Fermente vorhanden sind.

Kehren wir am Schluß dieser Betrachtung nochmals zur hohen Gesamtkonzentration zurück, welche die des Transpirations- stromes ums 100- bis 1000fache übertrifft, so macht sie verständlich, warum sich der Assimilattransport mit einer so vielmals kleineren leitenden Querschnittsfläche begnügen kann als der aufsteigende Saftstrom. Angesichts eines mächtigen Buchenschaftes ist man immer wieder erstaunt, daß die Assimilate in der nur etwa $^1/_4$ mm starken Safthaut der Rinde strömen sollen, während für den Wasseraufstieg große Teile des Stammquerschnitts zur Verfügung stehen. Wir werden aber gleich sehen, daß trotz dieses scheinbaren Mißverhältnisses die Beförderung der Assimilate keine größeren Geschwindigkeiten erfordert als der Transpirationsstrom; im Gegenteil: Wäre der tätige Rindenquerschnitt so groß wie der des Holzes (wie das am Beginn der Stammesgeschichte der Landpflanzen bei den baumförmigen Bärlappgewächsen noch der Fall war), so würde der Assimilatstrom so träge dahinfließen, daß er Stammgrund und Wurzeln erst nach Wochen statt nach Stunden erreichen würde. Eine rasche und ausreichende Fernversorgung verlangt kleine Querschnitte und hohe Konzentrationen.

## C. Strömungsgeschwindigkeit

1922 machte der irische Botaniker DIXON, den wir bereits als einen der Väter der Kohäsionstheorie kennengelernt haben, einen ebenso einfachen wie verblüffenden Versuch: Er legte eine Kartoffel auf die Waage, berechnete ihren Stärkegehalt und bezog diesen auf den Siebröhrenquerschnitt des die Kartoffel versorgenden Ausläufers. Es ergab sich, daß eine 10%ige Zuckerlösung während der ganzen Vegetationsperiode mit einer Durchschnittsgeschwindigkeit von stündlich 50 cm heranströmen muß, um die Speicherleistung der Kartoffel zu erklären. DIXON war über

dieses Rechenergebnis so überrascht, daß er zunächst überhaupt
in Zweifel zog, daß die Siebröhren die alleinigen Assimilatleitbahnen seien. Nachdem er sich in diesem Punkt von der Richtigkeit der Lehrmeinung überzeugt hatte, stand das völlig unter-
schätzte Problem des Assimilattransportes in seiner ganzen Größe
vor ihm: Es konnte sich nicht um eine einfache Diffusion im
Sinne der SACHSschen Irrlehre handeln, sondern die dem Transpirationsstrom vergleichbare Geschwindigkeit forderte auch
eine diesem irgendwie entsprechende Mechanik.

Stromstärkenberechnungen[1] bei anderen Objekten ergaben
ganz ähnliche Werte: Der Holzzuwachs unserer Nadelbäume erfordert im Durchschnitt der Vegetationsperiode einen Sieb-
röhrentransport von stündlich 20 cm, der der Laubbäume von
50 cm; die geringeren Werte der Nadelbäume dürften der schlech-
teren Leitfähigkeit ihrer Siebzellen gegenüber den Siebröhren
der Laubbäume entsprechen. Für einen Kürbis, der in 4 Wochen
eine 10 kg schwere Frucht mit allerdings nur 800 g Trockensubstanz hervorbrachte, hat man eine durchschnittliche Stromstärke
von 180 cm/h berechnet. Alle diese Berechnungen setzen voraus,
daß das gesamte Lumen der Siebröhren für die Strömung zur
Verfügung steht; würden die Assimilate, wie manche Autoren
noch heute annehmen, ausschließlich im plasmatischen Wandbelag wandern, so wären etwa 100 mal größere Geschwindigkeiten erforderlich.

Solche Zahlen schreien förmlich nach einer experimentellen
Überprüfung durch wirkliche Geschwindigkeitsbestimmungen.
Der erste, dem eine solche gelang, war SCHUMACHER (1932):
Nach dem Vorbild der Transpirationsstrom-Forschung versuchte
er, auch in den Assimilatstrom Farbstoffe als Indikatoren der
Wanderung einzuschleusen. Wegen der auswählenden Durch-
lässigkeit des lebenden plasmatischen Wandbelages ist das bei den
Siebröhren schwieriger als bei den toten Gefäßbahnen. Während
Eosin die Siebröhren zum Kollabieren brachte (s. o. S. 85), hatte
er mit Fluoreszein 1:1000 Erfolg: In einem Gelatinetropfen auf
eine enthäutete Blattfläche aufgebracht, erschien der Farbstoff

---

[1] Die aus dem Verhältnis von Transportleistung und Querschnittsfläche
berechneten Werte bezeichnet man zum Unterschied von direkten Geschwindigkeitsbestimmungen als „Stromstärken".

nach einiger Zeit in den Siebröhren (und zwar nur in diesen!) und wanderte mit Stundengeschwindigkeiten von einigen Zentimetern bis Dezimetern abwärts. Bei der Einmündung des Blattstieles in den Stengel geschieht etwas Merkwürdiges: Der Farbstoff wandert meist stengelabwärts nach den Wurzeln, manchmal aber auch aufwärts nach den Knospen, wie man das auch von den Assimilaten annehmen muß; die Bedingungen der Umschaltung sind aber vorläufig noch ganz undurchsichtig.

Noch etwas widersprach in SCHUMACHERS Fluoreszeinversuchen der allgemeinen Erwartung und hat eine bis in unsere Tage anhaltende Diskussion ausgelöst: Bei der mikroskopischen Kontrolle erwies sich *der Farbstoff stets auf den plasmatischen Wandbelag beschränkt.* Unter dem Eindruck dieser Beobachtung ist SCHUMACHER der Überzeugung, daß der Farbstoff und vermutlich auch die Assimilate im Plasma wandern und daß die gewaltige Vakuole der Siebröhren nur ein Depot, aber nicht die Wanderbahn darstellt. Das hätte umwälzende Folgerungen für die Mechanik der Wanderung, auf die wir erst im nächsten Abschnitt eingehen können. Die Mehrzahl der Autoren sträubt sich gegen diese Konsequenzen und interpretiert den Fluoreszeinversuch anders: Man weist darauf hin, daß der Farbstoff primär stark verdünnt in der Vakuole wandern, aber vom Plasma adsorptiv gespeichert, also angereichert und damit erst sichtbar werden könnte. BAUER will in den Siebröhren der Zaunrübe (Bryonia) die in der Vakuole wandernde diffuse Farbstoffwolke und die sekundäre Wegspeicherung durch das Plasma sogar unmittelbar gesehen haben. Es sind auch Bedenken laut geworden, ob man die Bewegungsmechanik eines stark verdünnten Farbstoffes überhaupt mit der der hochkonzentrierten Kohlenhydrate vergleichen könne.

Solchen Erwägungen entsprangen Bemühungen, die Wanderung der Kohlenhydrate selbst zu verfolgen. Eine Möglichkeit dazu bieten radioaktiv markierte Stoffe. Von dieser Möglichkeit ist bisher meines Wissens noch nicht bei den natürlichen Zuckern, sondern nur beim Unkrautbekämpfungsmittel 2—4 D (Dichlorphenoxyessigsäure) Gebrauch gemacht worden, welches, auf die Blätter aufgesprüht, über die Siebröhren in der ganzen Pflanze verteilt wird. Nach den schönen Kontaktradiographien (Abb. 67),

welche CRAFTS 1954 dem Internationalen Botanischen Kongreß in
Paris vorlegte, wandert dieser Stoff genau wie SCHUMACHERS Fluoreszein mit Stundengeschwindigkeiten bis zu 1 m in den Blättern
ausschließlich abwärts, in den Stengeln teils wurzel- teils knospenwärts. Genau dasselbe gilt bezüglich Wanderrichtung und Geschwindigkeit von den durch Läuse in die Siebröhren eingebrachten

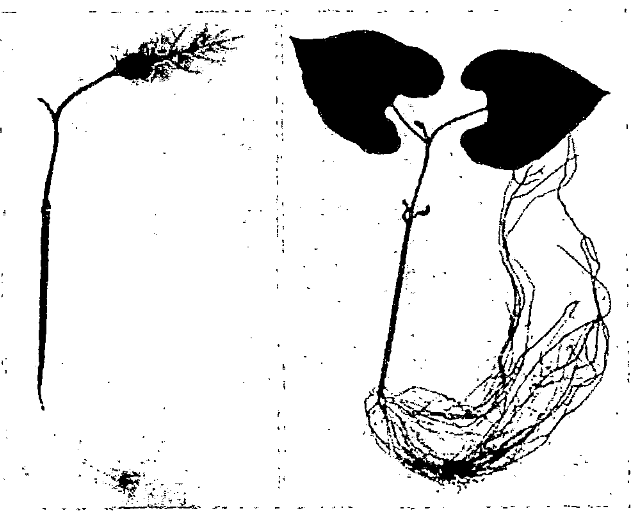

Abb. 67. Rechts Lichtpause einer Bohnenpflanze, deren rechtes Keimblatt mit
einem Tropfen radioaktiver 2—4-Dichlorphenyloxyessigsäure behandelt
wurde; Links Kontaktradiographie derselben Pflanze: Der Stoff ist basal in
den Keimstengel, aber erst spärlich in die Wurzeln, apikal in die Knospe,
dagegen überhaupt nicht ins zweite Keimblatt gewandert. Nach CRAFTS

*Viren.* Wir werden auf die Tragweite dieser Versuche im nächsten
Abschnitt nochmals ausführlicher zurückkommen müssen.

Die Geschwindigkeit der natürlichen Kohlenhydrate ließ sich
aber mit viel einfacheren Mitteln an Hand der *täglichen Konzen-
trationswelle* bestimmen: Da die Kohlendioxyd-Assimilation ans
Licht gebunden ist („Photosynthese"), weist der Kohlenhydrat-
gehalt der Blätter starke tagesperiodische Schwankungen auf;
der Anhäufung am Tage steht eine Entleerung bei Nacht gegenüber, welche vor Sonnenaufgang zu einem Minimum an Kohlenhydraten führt. Die Schwankungen sind so groß, daß das

Trockengewicht der Blattflächeneinheit abends um 10% höher
zu liegen pflegt als morgens. Auf diese Tatsache gründete schon
SACHS die ersten quantitativen Bestimmungen der täglichen
Assimilatausbeute (Blatthälftenmethode).

Es war zu erwarten, daß sich dieser Tagesgang der Konzentration mit einiger Verspätung auch im Siebröhrensaft bemerkbar
machen müßte. Das ist in der Tat der Fall: Wenn man mit dem

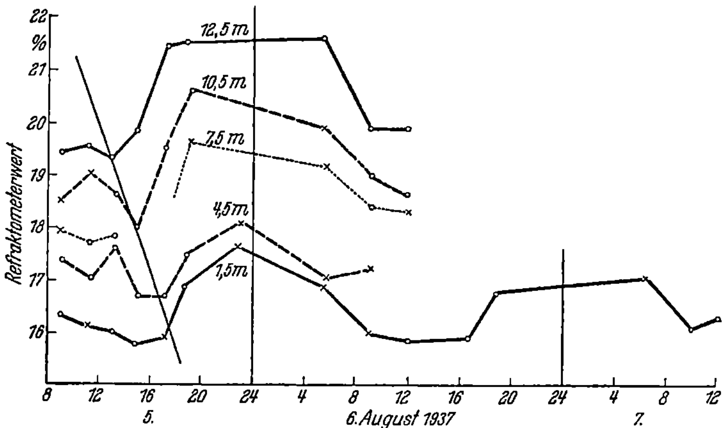


Abb. 68. Tagesgang der Siebröhrensaftkonzentration in verschiedenen Höhen
eines Roteichenschaftes: Das Konzentrationsminimum verspätet sich
stammabwärts um mehrere Stunden. Nach HUBER, SCHMIDT u. JAHNEL

für die Zuckerindustrie entwickelten Zeißschen Handzucker-
refraktometer die Konzentration einzelner Siebröhrensafttropfen
bestimmt, ergibt sich ein ausgeprägter Tagesgang, der sich
stammabwärts deutlich verspätet (Abb. 68). Das nächtliche Konzentrationsminimum weicht am Kronenansatz kleinerer Rot-
eichen etwa um 10 Uhr vormittags, bei größeren Stämmen gar
erst um 1 Uhr mittags dem Tagesanstieg; am Stammgrund kann
es 7 Uhr abends werden, ehe er von der sich abflachenden Kon-
zentrationswelle erreicht wird. Das entspricht Stundengeschwindigkeiten von etwa 2 m. Auch die Gesamtkonzentration nimmt
stammabwärts infolge Entnahmen durch die bespülten Gewebe
deutlich ab. Der zuerst refraktometrisch festgestellte Tagesgang
in der Konzentration des Siebröhrensaftes spiegelt sich — wie

später von anderer Seite festgestellt wurde — auch im Tagesgang
der Honigtauproduktion wieder (Abb. 69): Die mittlere Tropfenzahl, auf einer rotierenden Scheibe aufgefangen, schwankt ganz
entsprechend der Konzentration des Siebröhrensaftes. Daß dabei
die tagsüber steigende Tropfenzahl wirklich durch eine Welle
neuer Assimilate ausgelöst wird, konnte durch Kontrollversuche
mit verdunkelten Zweigen sichergestellt werden: Hier unterbleibt der Anstieg (gestrichelte Kurve der Abb. 69).

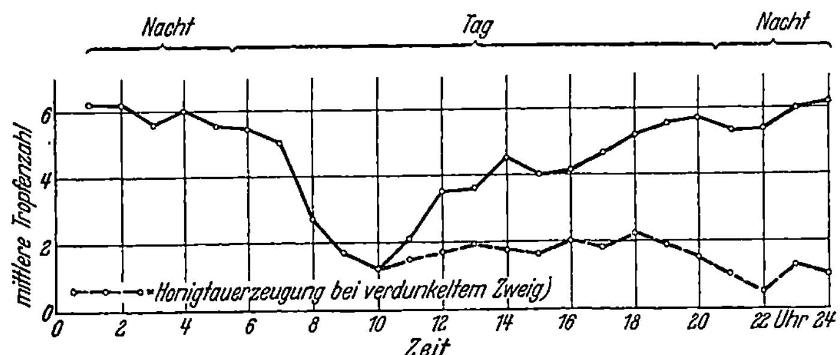



Abb. 69. Tagesgang der Honigtauabgabe nach LEONHARDT; die gestrichelte
Kurve bezieht sich auf einen verdunkelten Zweig

Nicht gelungen ist vorläufig eine thermoelektrische Messung
der Saftstromgeschwindigkeit. Es ist noch nicht klar, ob das
lediglich auf technischen Schwierigkeiten wie der Schmalheit und
leichten Verletzbarkeit der Safthaut und der Nähe des entgegen-
gerichteten Transpirationsstromes oder auf grundsätzlichen
Schwierigkeiten (einer anderen Bewegungsmechanik) beruht.
Eine Wiederaufnahme solcher Bemühungen wäre daher erwünscht.
Alles in allem haben die Stromstärkenberechnungen und
direkten Geschwindigkeitsbestimmungen übereinstimmend ergeben, daß die Assimilate mit Stundengeschwindigkeiten von
Dezimetern bis Metern wandern. Damit ist von vornherein klar,
daß es sich dabei nicht — wie SACHS meinte — um eine einfache
Diffusion handeln kann, sondern daß wie beim Transpirationsstrom und tierischem Blutkreislauf irgend ein Motor für eine
so stark beschleunigte Bewegung sorgen muß. Mit dieser um-
strittensten Frage des Assimilatstroms haben wir uns nun abschließend zu beschäftigen.

# D. Strömungsmechanik

Der aufsteigende Saftstrom bedient sich wie der tierische Blutkreislauf einer hydraulischen Strömung, um Stoffe rasch auf größere Entfernung zu befördern. Wir stehen daher vor einem geistesgeschichtlichen Rätsel, was den großen Meister der Pflanzenphysiologie des neunzehnten Jahrhunderts, JULIUS SACHS, zum folgenschweren, die ganze weitere Diskussion bis in unsere Tage belastenden Schritt veranlaßt hat, ausgerechnet für die Wanderung der Assimilate im Pflanzenkörper eine Massenströmung ausdrücklich, ja fanatisch abzulehnen.

Wie so oft bei Meinungskämpfen, waren für SACHSENS Anschauungen keineswegs empirische Befunde, sondern weltanschauliche Ressentiments maßgebend: Er betrachtete es in der Zeit HEGELscher Naturphilosophie mit Recht als eine Aufgabe, die Pflanzenphysiologie aus dem Schlepptau plump anthropomorpher Vorstellungen zu lösen. In dieser Situation waren für ihn auch die überkommenen, allzu schematisch dem Blutkreislauf homologisierten Vorstellungen über die Saftströme der Pflanzen ein rotes Tuch. Um seine Einstellung zu verstehen, muß man einmal in ein zeitgenössisches Machwerk wie SCHULTZ VON SCHULTZENSTEINS schwulstige Preisarbeit „Die Cyclose des Lebenssaftes in der Pflanze" (1841) gesehen haben. Gegenüber solchen Entgleisungen kam SACHS *Grahams Entdeckung der Diffusionsgesetze* hoch willkommen: Gasförmige und gelöste Stoffe wandern von selbst von den Orten hoher zu denen niederer Konzentration und trachten die Gefälle einzuebnen. Das schien SACHS im Zeitalter des optimistischen Wirtschaftsliberalismus ein neues Prinzip, mit dem man auch die Stoffverteilung im Organismus, u. a. auch die Wanderung der Assimilate von den Stätten der Erzeugung zu denen des Verbrauches bestens erklären konnte. Vor Stoffverlusten gegenüber der Umwelt schützt die bereits erkannte Zollmauer der Semipermeabilität; aber im Innern des Zellenstaates sollte freies Spiel der Kräfte herrschen. „Die Diffusion ist das ordnende Prinzip, welches eine allgemeine Vermengung ausschließt und jedem Stoffe seinen Ort und die Bahn seiner Bewegung in der Pflanze vorschreibt". Entgegenstehende Befunde wie die TH. HARTIGS (s. o. S. 85 f.) schob SACHS, der in seinem Draufgängertum blind sein konnte, unbeachtet beiseite. Einzig sein großer Schüler DE VRIES wagte den Meister darauf aufmerksam zu machen, daß die Diffusion für die in der Pflanze beobachteten Transporte etwa 10 000mal zu langsam sei, und forderte ein beschleunigendes Moment, als welches ihm die *Plasmaströmung* geeignet schien. Die Autorität des Meisters war aber so groß, daß SACHS' Diffusionstheorie 60 Jahre lang unbestritten blieb und es ebenso lange überhaupt keine Assimilatstromforschung mehr gab. Roma locuta est, causa finita!

Auch der größte Pflanzenphysiologe überhaupt, WILHELM PFEFFER, aus dessen Schule über 100 Hochschullehrer der Botanik hervorgegangen sind, wohl der größte Botaniker nach LINNÉ, hat in seiner zweibändigen „Pflanzenphysiologie" SACHSENS Lehre nicht nur nicht angegriffen, sondern durch ein wichtiges zusätzliches Argument gestützt:„Eine schnelle Beförderung der Inhaltsstoffe nach beiden Richtungen ... ist Aufgabe der Siebröhren ... und es würde nur ein Nachteil sein, wenn eine einseitige Strömungsbewegung (wie in der Wasserbahn) eine entgegengesetzt gerichtete Stoffbewegung erschwerte oder verhinderte." PFEFFERS Beweisführung übersieht völlig, daß eine Stoffauswahl nicht unbedingt beim Transport vor sich gehen muß, sondern genau so gut beim Auf- und Abladen erfolgen kann; so ist es jedenfalls bei allen genauer bekannten Stoffbewegungen, dem Transpirationsstrom wie dem tierischen Blutkreislauf; beide funktionieren trotz der Nachteile, sie sie nach PFEFFERS Darstellung haben müßten.

Mit diesem Erbe hatte sich die junge Assimilatstromforschung auseinanderzusetzen, als DIXON und MÜNCH 1922 bzw. 1930 die hohen Transportleistungen feststellten, welche durch einfache Diffusion nicht zu verstehen waren, sondern eine neue Erklärung verlangten. Hätten sich nicht SACHS und PFEFFER für die Diffusion ausgesprochen, so wäre kaum jemand auf den Gedanken gekommen, beim Assimilatstrom nach einer grundsätzlich anderen Mechanik zu suchen, als sie beim Transpirationsstrom und Blutkreislauf bekannt ist, nämlich eine Massenströmung, in der die gelösten Stoffe vom Lösungsmittel befördert werden. So aber finden sich immer wieder Autoren, welche den Kern der SACHS-PFEFFERschen Anschauung retten möchten und eine

irgendwie beschleunigte Molekularbewegung annehmen. So
dreht sich seit 25 Jahren die Auseinandersetzung um die Frage, *ob
in den Siebröhren die Assimilate* im ruhenden Lösungsmittel *als
Moleküle irgendwie beschleunigt wandern* (Diffusionstheorien *im
weiteren Sinne*) *oder ob sie* von einem strömenden Lösungsmittel
passiv mitgeschleppt *werden* (Konvektionstheorien).

Völlig einig sind sich alle Beteiligten darüber, daß eine einfache Diffusion, wie sie SACHS vorschwebte, zur Erklärung des
Assimilattransportes nicht ausreicht. Man pflegt das durch einen
jederzeit leicht reproduzierbaren Vorlesungsversuch zu veran-
schaulichen: Eine 1 m lange Glasröhre von 1 cm lichter Weite
wird in der unteren Hälfte mit Kupfervitriollösung gefüllt und
vorsichtig mit reinem Wasser überschichtet (zur Vermeidung
von Schlierenbildung setzt man den Versuch noch besser
mit alsbald erstarrender Gelatine an). Während sich die scharfe
Grenze zwischen blau und farblos schon nach wenigen Stunden verwischt, hat sich der volle Konzentrationsausgleich auch
nach einem Semester, ja nach 1 Jahr noch keineswegs vollzogen. Wenn man Temperaturschlieren vermeidet, ist die Lösung
am oberen Ende noch immer farblos. Die Theorie der Diffusion
bestätigt und erklärt diesen empirischen Befund: Die freie Molekularbewegung geht ungerichtet vor sich; die Kupfersulfatteil-
chen kehren ebenso oft um, wie sie in einer Richtung weiter-
schreiten. Infolgedessen werden größere Strecken nicht in proportional längeren Zeiten erreicht, sondern *die Diffusion schreitet
nur mit der Wurzel aus der Zeit fort.* Wenn sie, im Mikroskop beobachtet, 10 Mikron sekundenschnell überbrückt, braucht sie
für 1 mm bereits Stunden, für 1 m Jahre. Eine solche mit der
Wurzel aus der Zeit fortschreitende Bewegung ist zur Versorgung
über größere Strecken ungeeignet.

Es sind aber immerhin Bedingungen bekannt geworden, unter
denen sich Moleküle wesentlich schneller über größere Strecken
bewegen können. DIXONS Schüler MASON und MASKELL hatten
an eine Beschleunigung der Diffusion durch Einsatz von At-
mungsenergie gedacht. Diese Hypothese ist physikochemisch
unhaltbar: Was wir als Wärme empfinden, ist nichts anderes als
die Geschwindigkeit der Molekularbewegung, und zwar hat sich
gezeigt, daß unser Temperaturmaß, die lineare Ausdehnung einer

Quecksilbersäule, dem Quadrat der Molekulargeschwindigkeit
entspricht; eine 1000mal schnellere Molekularbewegung würde
daher eine Temperatur von Millionen Grad bedeuten. Es gibt
aber ein anderes Mittel, um die von Molekülen in gerader Richtung zurückgelegten Strecken zu vergrößern, eine Einengung
ihres Freiheitsgrades. Die theoretische Physik schreibt den Molekülen bereits bei gewöhnlicher Temperatur Geschwindigkeiten
von Kilometern je Sekunde zu. Wenn sie trotzdem nicht vom
Fleck kommen, so beruht das darauf, daß sie alle Augenblicke

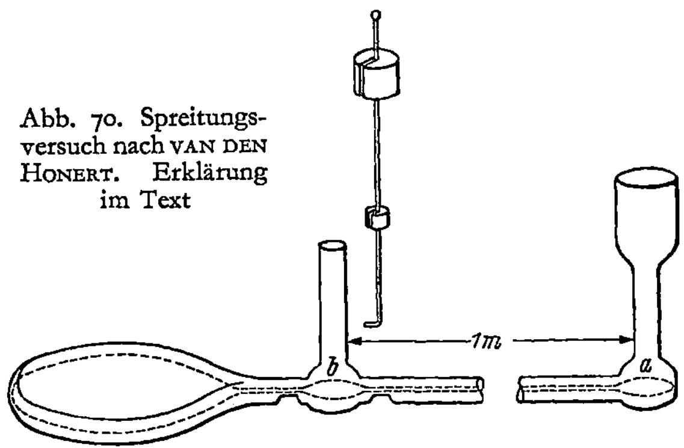


Abb. 70. Spreitungs-
versuch nach VAN DEN
HONERT. Erklärung
im Text

anecken und ihre Bewegungsrichtung ändern. Zwingt man sie,
sich auf einer Ebene zu bewegen, statt sich im Raume zu tum-
meln, so werden Strecken von 1 m bereits in etwa 1 Minute überbrückt. Das läßt sich in einem Vorlesungsversuch schön zeigen
(Abb. 70): Eine 1 m lange, genau horizontale Röhre, welche in
2 kleine Behälter endet, wird mit angesäuertem Wasser gefüllt und
auf der ganzen Länge der Röhre mit Äther überschichtet. Wird
nun auf der einen Seite durch Zusatz von ölsauerem Kalium die
Reaktion nach der alkalischen Stelle verschoben, so pflanzt sich,
wie am Farbumschlag eines Indikators leicht ersichtlich, dieser
Reaktionswechsel an der Äther-Wasser-Grenze mit großer Geschwindigkeit fort und erreicht in wenigen Minuten das andere
Ende. Die Ausbreitungsgeschwindigkeit ist rund 70000mal so
groß wie die Diffusionsgeschwindigkeit von Kalilauge. Es läßt
sich darüber streiten, ob man eine solche Spreitung an Grenz-
flächen Massen- oder Molekularbewegung heißen soll. Auf jeden

Fall bietet sie eine elegante Möglichkeit, um Stoffe rasch über große Strecken zu befördern: Bei jeder örtlichen Entnahme gleitet der gesamte Molekülfilm nach, ebenso weicht er schon bei der Zufuhr eines einzigen Moleküls soweit als möglich auseinander (bei genügend Platz bis zu monomolekularer Spreitung). SCHUMACHER glaubt, daß sein Fluoreszein auf diese Weise im Plasma der Siebröhren wandern könnte. Für Zucker ist das allerdings ganz unwahrscheinlich, weil sie nicht „grenzflächenaktiv" sind, d. h. sich nicht an Oberflächen sammeln, sondern in Wasser vollständig lösen.

Aber auch eine *Massenströmung* in den Siebröhren ist nicht ohne gewisse Hilfsmaßnahmen verständlich: Als Motor des Transpirationsstromes haben wir die Transpiration kennengelernt, welche immer wieder Platz für Nachstrom schafft. Was soll aber beim Assimilatstrom mit einem strömenden Lösungsmittel geschehen? Diese Frage hat sich schon TH. HARTIG vorgelegt und er hat sie dahin beantwortet, daß das Transportwasser ins Holz sezerniert und vom Transpirationsstrom aufgenommen wird. MÜNCH hat diese Vorstellung durch einen einfachen Modellversuch glaubhaft gemacht (Abb. 71): Er füllt eine mit einer Schweinsblase verschlossene Glasglocke A mit einer 10%igen Rohrzuckerlösung, die er außerdem mit Kongorot anfärbt, und verbindet sie über eine lange Glasröhre von nur 1 mm Weite mit einer zweiten ebensolchen Glasglocke B, die mit reinem Wasser gefüllt wird; beide Glocken tauchen in Wasserbehälter, deren Volumänderungen mittels angesetzter Potetometer überwacht werden können. Die osmotische Saugung der mit Zucker gefüllten Zelle führt zu einer Wasseraufnahme, welche die rote Zuckerlösung durch das verbindende Glasrohr in die wassergefüllte Zelle B treibt, wo sie in sichtbaren Schlieren einströmt. Da aber dort noch keine Konzentration herrscht, welche dem Turgordruck der Zelle A standhalten könnte, tritt Wasser in den Behälter B' aus. Wären auch die beiden Wasserbehälter A' und B' miteinander verbunden, so würde Wasser von B' nach A' strömen, während Zuckerlösung von A nach B strömt: Im Inneren eines osmotischen Systems (so nennt MÜNCH die Gesamtheit der durch semipermeable Membranen, in unserem Fall die beiden Schweinsblasen, nach außen abgegrenzten Zellen) strömt Saft von den Orten hoher nach denen niederer Konzentration, während außerhalb Wasser von den Orten niederer nach denen hoher Konzentration strömt. Der Vergleich, der Münch vorschwebt, liegt auf der Hand: Zelle A entspricht den assimilierenden, Zelle B den Assimilate verbrauchenden Zellen,

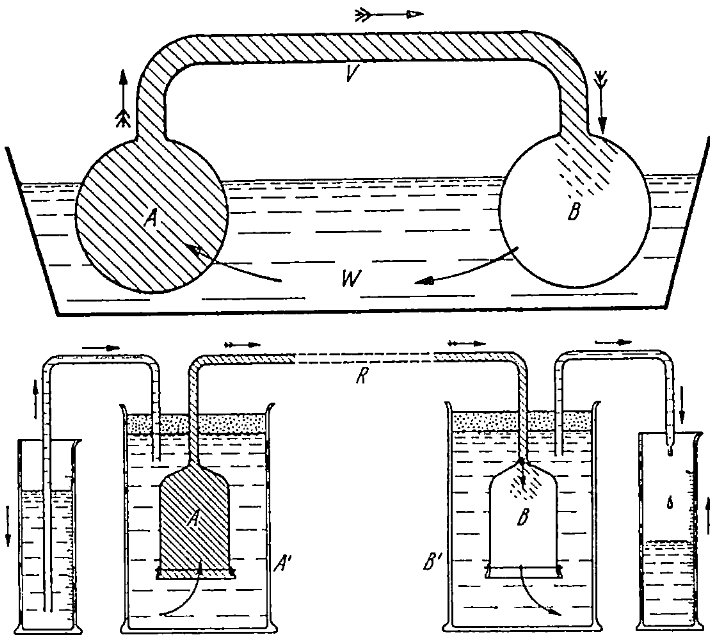


Abb. 71. Münchs Druckstromversuch in Theorie (oben) und praktischer Durchführung (unten): Innerhalb des osmotischen Systems strömt „Saft" (dicht schräg schraffiert) in der Richtung der gefiederten Pfeile von den Orten hoher zu denen niederer Konzentration, außerhalb des osmotischen Systems Wasser von den Orten niederer zu den denen hoher Konzentration. Näheres im Text

das verbindende Rohr den Siebröhren. Alle 3 stehen im lebenden Verband und sind nach außen durch semipermeable Plasmaschichten abgegrenzt; sie bilden den „Symplasten" Münchs. Die Wasserbehälter B' und A' liegen außerhalb des lebenden Verbandes und entsprechen als „Apoplasten" den Gefäßbahnen.

Das Modell veranschaulicht noch ein paar wichtige Einzelheiten: Die Geschwindigkeit in der Glasröhre hängt vom Querschnittsverhältnis der wasseraufnehmenden Glocke A und der leitenden Röhre R ab; eine langsame osmotische Strömung wird in eine etwa 10 000mal schnellere hydraulische Druckströmung

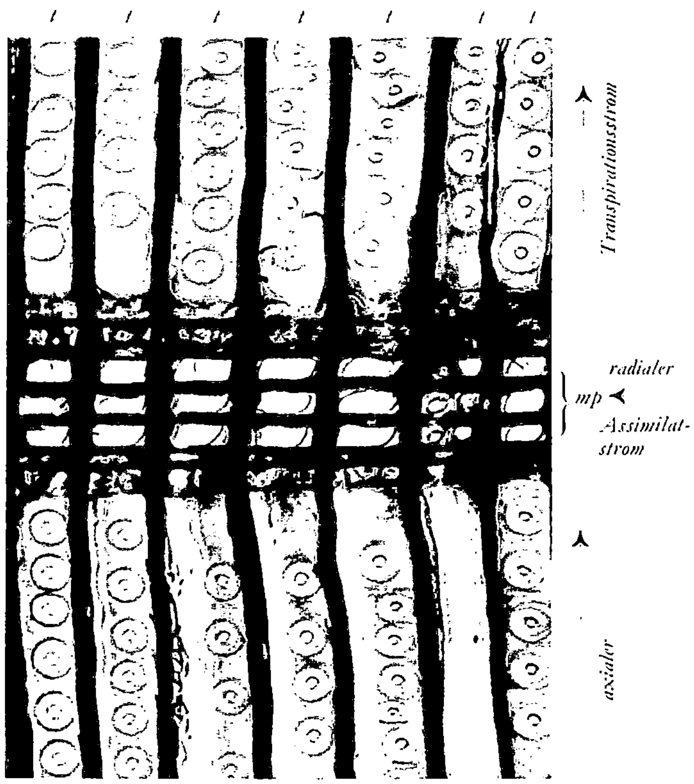



Abb. 72. Nach der MÜNCHschen Theorie dienen die großen ovalen Tüpfel (Dünnstellen der Wand) im Kreuzungsfeld zwischen den parenchymatischen Markstrahlzellen *(mp)* und den außerhalb der Schnittebene an ihren vorbeistreichenden Längstracheiden der Kiefer *(t)* der Sekretion des an den Speicherorten frei werdenden Transportwassers des Assimilatstromes in die Wasserleitbahnen. 250:1

„transformiert". MÜNCH glaubt auf diesem Wege die Geschwindigkeit in den Siebröhren mechanisch erklären zu können und fordert den kleinen Querschnitt als Voraussetzung für die Beschleunigung. Auf der anderen Seite macht der hypothetische

Wasseraustritt in die Gefäße bisher unerklärte anatomische Eigentümlichkeiten verständlich: Die von den Siebröhren radial in den Holzkörper dringenden Markstrahlen weisen bei vielen Nadel- und Laubhölzern, sobald sie Gefäßbahnen kreuzen, auffällige Dünnstellen (Tüpfel) auf, die der Sekretion des Transportwassers dienen dürften (Abb. 72). Münch behauptet, die Sekretion auch an abgelösten Rindenstreifen, die aufwärts mit der intakten Rinde zusammenhingen, direkt beobachtet zu haben; Nachuntersucher konnten den Versuch nur zum Teil reproduzieren; er gelingt wie viele biologische Versuche nicht mit physikalischer Sicherheit. Die Rechnung ergibt, daß die vom Assimilatstrom abzugebenden Wassermengen nur 2 bis 5 % des Transpirationsstromes ausmachen. Von dieser Seite bereitet demnach die Aufnahme bestimmt keine Schwierigkeiten. *Der Assimilatstrom wäre darnach mit dem Transpirationsstrom nicht in einem völlig geschlossenen Kreislauf verbunden, sondern würde einen Nebenprozeß darstellen, in den nur wenige Prozent des gesamten Vegetationswassers einbezogen werden* (Abb. 73).

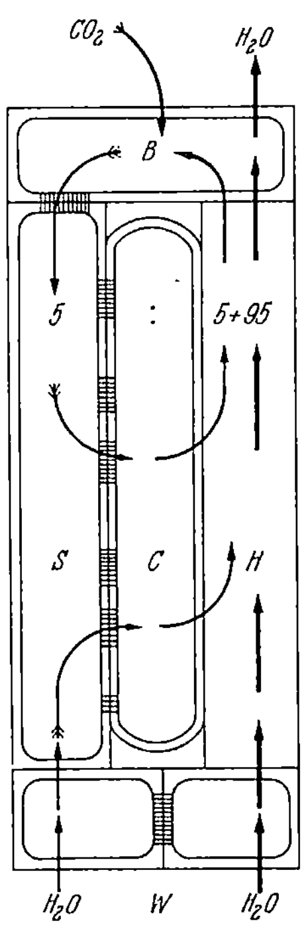


Abb. 73. Schema des Saftkreislaufs nach Münch: Nur wenige Prozent des aufsteigenden Wassers kehren mit dem Assimilatstrom zurück. *W* Wurzel, *B* Blatt, *S* Siebteil, *C* Cambium, *H* Holz

Nach dem Gesagten erscheint ein Transport gelöster Stoffe über größere Strecken sowohl auf dem Wege der Spreitung wie einer hydraulischen Druck- oder Saugströmung denkbar und diskutabel. Es fragt sich nun, ob bereits eine experimentelle Entscheidung zwischen den beiden Möglichkeiten vorliegt. Da der Versuch, mit Hilfe der Auflichtmikroskopie in tätige Siebröhren hineinzuschauen und die Strömung zu sehen, noch nicht zum Ziele geführt hat, ist man vorläufig auf Indizienbeweise angewiesen. Für einen solchen bietet sich in erster Linie das Kriterium Pfeffers an: *Bei einer Massenströmung müssen alle Inhaltsbestandteile unterschiedslos verfrachtet werden, während sich Moleküle unabhängig voneinander, ja sogar gleichzeitig in entgegengesetzter Richtung bewegen könnten.* Eine noch ständig wachsende Zahl von Erfahrungen deutet auf einen gemeinsamen Transport und spricht damit für die erste Möglichkeit.

Die ersten, welche auf den weitgehenden Parallelismus zwischen Assimilatwanderung und anderen Transportvorgängen hinwiesen, waren die *Virusforscher:* Wird beispielsweise ein Trieb einer Himbeere künstlich mit Virus infiziert, so erkranken normalerweise die demselben Stock aufsitzenden Nachbartriebe erst in der nächsten Vegetationsperiode; wird aber einer dieser Triebe dunkel gehalten, so erkrankt er innerhalb weniger Tage. Die Virusspezialisten erklären das folgendermaßen: Das Virus wandert in den Siebröhren mit den Assimilaten, vermag dagegen nicht gegen den Assimilatstrom vorzudringen. Solange daher während der Vegetationsperiode alle Himbeertriebe mit Gewinn assimilieren und es nur einen nach den Wurzelstöcken gerichteten Assimilatstrom gibt, wandert auch das Virus ausschließlich basal; erst wenn im nächsten Jahr die neuen Triebe aus den infizierten Wurzelstöcken ausschlagen, sind alle Triebe infiziert. Wird aber ein Trieb durch Verdunkelung an der eigenen Assimilation gehindert und auf Assimilatzufuhr angewiesen, so kann auch seine Infektion über den Assimilatstrom jederzeit erfolgen. Dieser Grundversuch ist in mannigfachster Weise abgeändert worden (Abb. 74) und hat immer zum selben Ergebnis geführt: *Phloemmobile Viren wandern immer mit den Assimilaten, niemals gegen sie; sie werden vom Assimilatstrom passiv verfrachtet.* In den Augen der Virusforscher ist daher die Mechanik des Assimilatstromes längst zu Gunsten der Massenströmungslehre entschieden. Auf wenige scheinbare Ausnahmen werden wir noch zu sprechen kommen.

In den letzten Jahren hat sich dann auch für Farbstoffe und radioaktive Isotope gezeigt, daß sie gegenüber freier Diffusion stets, aber auch nur dann beschleunigt und zugleich gerichtet wandern, wenn in der gleichen Richtung ein Assimilatstrom anzunehmen ist: Beide wandern aus Keimblättern, jenen kurzlebigen Organen, welche ihre Speicherstoffe an den Sämling abgeben, stets nur basalwärts aus, in unterirdische Wurzeln immer nur ein; im Sproß dirigiert ein in seinen Einzelheiten noch

nicht durchschauter Umschaltmechanismus Viren, Farbstoffe und
Isotope bald wurzel-, bald knospenwärts.

Der nach Ansicht des Verfassers erdrückenden Beweisfülle
für die Massenströmungslehre stehen wenige abweichende Befunde nur scheinbar entgegen: Auf dem Gebiete der Virusfor-
schung überraschte zunächst die durch zahlreiche Wiederho-
lungen gesicherte Feststellung, daß die windende Schmarotzer-

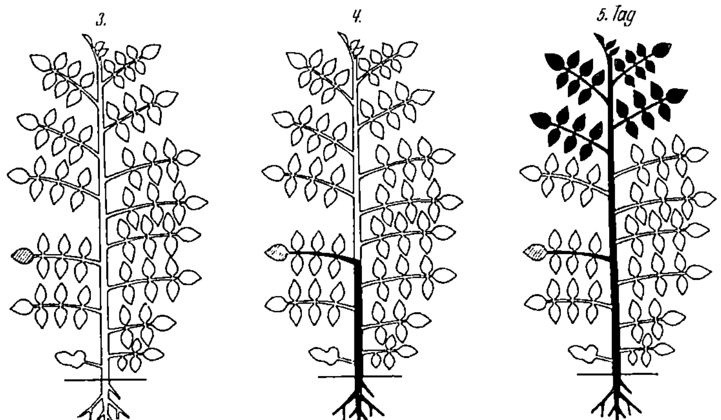



Abb. 74. Wird ein Fiederchen eines Tomatenblattes künstlich mit Tabak-
mosaik-Virus infiziert (links), so findet sich nach 4 Tagen Virus ausschließlich
wurzelwärts (mitte), vom 5. Tage an auch in den inzwischen erst ganz ent-
falteten obersten Blättern (rechts), dagegen erst nach Wochen in voll tätigen
Blättern. Nach SAMUEL aus BAWDEN, Plant Viruses and Virus Deseases

pflanze Cuscuta (Kleeseide) Viruskrankheiten von einer Wirts-
pflanze auf die andere übertragen kann. Man sollte meinen, daß
bei einem Ganzschmarotzer die Assimilate stets nur vom Wirt
zum Schmarotzer strömen, was nach der Massenströmungslehre
eine Infektion ausschließen müßte. Man hat aber dabei zu wenig
bedacht, daß das Treiben eines Saugnapfes (Haustoriums) in einen
neuen Wirt zunächst nur auf Kosten bereits gespeicherter (d. h.
anderwärts bezogener) Assimilate erfolgen kann. Waren diese
virusverseucht, so kann beim Anschluß an eine neue Wirts-
pflanze im ersten Augenblick sehr wohl eine Virusinfektion
erfolgen, ehe der entgegengerichtete Stoffstrom einsetzt. Auch
eine Mücke überträgt ja beim Stechakt Krankheiten, obwohl

weiterhin Blut vom Wirt in die Mücke strömt. — Auch wenn in
verdunkelten Blättern einmal auf wenige Zentimeter Entfernung
eine Auswanderung organischer Stickstoffverbindungen bei
gleichzeitiger Einwanderung zur Fütterung verabreichter Kohlenhydrate beobachtet worden ist, kann das noch nicht als Wider-
legung der Massenströmungslehre gelten. Bei so beliebten Ver-
suchspflanzen wie dem Kürbis und den Solanaceen (Kartoffel,
Tomaten, Tabak) besitzen die „bicollateralen" Leitbündel beiderseits des Gefäßteils je einen Siebteil. Es könnte sehr wohl die
Aufgabe dieser auffälligen Anordnung sein, einen zweigeleisigen
Assimilatstrom in beiderlei Richtungen zu ermöglichen. Farb-
stoffversuche BAUERs, welche diese Vermutung stützen, sind
noch nicht veröffentlicht.

Wenn sich so die Waagschale zugunsten der Konvektions-
theorie zu neigen scheint, so erblickt doch heute keiner ihrer An-
hänger im oben dargestellten Schema MÜNCHS (Abb. 71) mehr
als eine stark vereinfachte Modellvorstellung, welche einst zum
experimentellen Angriff auf den völlig vernachlässigten Fragen-
komplex ermunterte. Das MÜNCH-Schema setzt ein kontinuier-
liches osmotisches Gefälle von den Stätten der Erzeugung zu
denen des Verbrauchs voraus und erblickt in diesem Gefälle die
alleinige Triebkraft für den Assimilatstrom. Inzwischen haben
sich aber die Erfahrungen dahin verdichtet, daß *sowohl das Be-
laden wie das Entladen der Siebröhren durch komplizierte vitale Stoffwechselvorgänge* erfolgt.

Wie ist man zu dieser Auffassung gekommen? Zunächst
zeigten verschiedene zur Prüfung der Münchschen Hypothese
unternommene Untersuchungen, daß zwar die Konzentration
des Siebröhrensaftes in der Richtung der Strömung abnimmt
(s. o. S. 101), daß aber außerhalb der Siebröhren das erwartete
stetige Gefälle nicht vorzuliegen braucht: Die osmotische Gesamtkonzentration der Blattnerven liegt über der der „Inter-
costalfelder" (Bezirke zwischen den Nerven). Sogar der osmotische Wert der assimilierenden Palisadenzellen kann unter dem
des Siebröhrensaftes liegen, und mit Siebröhrensaft lassen sich
fast alle übrigen Gewebe des Blattes plasmolysieren. Die *Kohlenhydrate* erscheinen demnach *im Siebröhrensaft angereichert.* Aus diesem Grunde muß man den die Siebröhren begleitenden Geweben,

ihren Geleitzellen und der Gefäßbündelscheide den Charakter eines Drüsengewebes zuschreiben. Das steht nicht nur in Einklang mit dem cytologischen Befund (großkernige, plasmareiche Zellen), sondern wird auch durch neue biochemische Untersuchungen nahegelegt: Die das Phloem begleitenden Zellen sind der Sitz einer hohen Phosphatase-Aktivität; sie spalten offenbar die aus den Assimilationsgeweben kommenden Zuckerphosphate und schließen zur Erhaltung des Energieniveaus die freiwerdenden Monosen zu Oligosacchariden, besonders Rohrzucker zusammen. Diese Zellen sind wohl auch der Sitz der für das Phloem nachgewiesenen lebhaften Atmung. Ihre Tätigkeit wird durch Atmungsgifte gelähmt und damit der Assimilattransport mittelbar beeinträchtigt.

Nach solchen Befunden besitzt die Abscheidung von Rohrzucker in die Siebröhren viel Ähnlichkeit mit der aktiven *Zucker ausscheidung der Blütennektarien:* Auch bei diesen zeigt das Drüsengewebe hohe Atmungs- und Phosphataseaktivität; die Zucker werden vor der Abscheidung dephosphoryliert und zu Oligosacchariden zusammengeschlossen. Wegen dieser Ähnlichkeiten hat das Studium der Physiologie der Nektarien neuerdings großen Aufschwung genommen; die Nektarien dienen dabei als Modell für die schwer zugänglichen Gefäßbündelscheiden.

Bei der Entnahme scheinen ähnliche Vorgänge in umgekehrter Richtung abzulaufen: Rohrzuckerspaltung, Rückphosphorylierung in histologisch nachgewiesenen „Strangparenchymzellen" und aktive Wassersekretion in die Gefäße. Bei diesem Abtransport und der Verteilung der Assimilate auf die letzten Bedarfsträger spielen die sogenannten „*Markstrahlen*", Holz und Bast radial durchsetzende Gewebeplatten, eine wichtige Rolle. Sie und das anlehnende axiale Strangparenchym sind die Seitenwege zweiter und dritter Ordnung, während die Siebröhren die Fernbahnen erster Ordnung darstellen (vgl. dazu die Abb. 52 und 72).

Wenn so die energetische Hauptlast beim Assimilatstrom den die Siebröhren begleitenden Drüsengeweben zugeschrieben wird, so wäre es doch verfrüht, in den Siebröhren selbst nur die passiven Kanäle des Transportes zu erblicken; die Existenz eines — freilich kernlosen — plasmatischen Wandbelages und die sonderbare

Struktur der Siebplatten mahnt da zu einiger Vorsicht. Besonders den Siebplatten als Engpässen jeder Massenströmung dürfte sich die Aufmerksamkeit künftiger Forschung zuwenden. Über ihre Bedeutung ist ja noch nicht *eine* ernste Vermutung lautgeworden: „Wir wissen nicht, ob sie die Bewegung hindern, fördern oder überhaupt beeinflussen", schreibt ESAU 1955; und doch wird niemand diese für die Assimilatleitbahnen aller Pflanzenstämme typischen Gebilde für zwecklos halten wollen.

So ist auf dem Gebiete der Phloemforschung alles noch viel mehr in Fluß als beim Transpirationsstrom und harren der jungen Forschergeneration noch viele weitere lohnende Aufgaben.

# Das Zusammenspiel der beiden Saftströme

Aus den Ausführungen des ersten und zweiten Teiles ging hervor, daß der aufsteigende und absteigende Saftstrom der Pflanzen nicht wie das arterielle und venöse System des tierischen Organismus zu einem geschlossenen Kreislauf verbunden sind, der von einer zentralen Pumpanlage her durchpulst wird. Das Transportwasser des aufsteigenden Saftstromes verläßt vielmehr im Vorgang der Transpiration oder auch Guttation zum allergrößten Teil den Pflanzenkörper; eine stark eingedickte und um die Assimilationsprodukte der Blätter wesentlich angereicherte Lösung verteilt sich in dem nur seiner Hauptrichtung nach absteigenden Saftstrom auf alle Stätten des Verbrauches. Es ist nicht ohne weiteres verständlich, wie ein so loser Verteilungsmechanismus überhaupt funktionieren kann. Wir wollen daher abschließend einige Prinzipien, die *das Ganze* in Ordnung halten, aufzudecken suchen.

Transpirations- und Assimilatstrom gemeinsam ist, daß sie zu einem wesentlichen Teil *vom Bedarf her gesteuert* werden: Wir haben S. 64 klarzulegen versucht, wie die Transpiration, der Wasserverlust automatisch jene schlummernden („potentiellen") osmotischen Energien und Quellkräfte freisetzt, welche als („aktuelle") Saugkraft den Ersatz des Verbrauchten bewirken. Im selteneren Fall des Wurzeldruckes ist eine solche Abstimmung auf den Bedarf allerdings vorläufig nicht ersichtlich.

Auch die Assimilate werden offenbar dahin gelenkt, wo *Verbrauchsstellen als Anziehungszentren* wirksam sind. Wenn dafür auch die freie Diffusion quantitativ nicht ausreicht und auch Münchs Schema zu einfach sein dürfte, so rechnen doch auch die neueren Vorstellungen mit einer Lenkung der Drüsentätigkeit durch den Bedarf.

Umgekehrt wird der Bedarf seinerseits bei beiden Strömen von dorther gedeckt, wo das Angebot am größten ist: Das transpirierte Wasser wird normalerweise von den Wurzeln nachgeschafft, weil diese in einem feuchten Boden der Wassersättigung am nächsten sind. Wenn aber natürliche Niederschläge oder moderne Beregnungsanlagen Wasser und Nährlösungen unmittelbar auf die Blätter sprühen, kann die Aufnahme fast ebenso gut von dort her erfolgen, ebenso wenn wir durch Bohrlöcher dem Stamm Lösungen zuführen. Alle Erfahrungen, auch speziell auf diesen Punkt gerichtete Versuche lehren, daß *die Leitbahnen der Pflanzen in keiner Weise polarisiert, sondern in beiden Richtungen gleich wegsam* sind; einzig die angelegten Potentiale entscheiden darüber, ob der Strom in dieser  oder der entgegengesetzten Richtung fließt.

Die allgemeine Fassung, daß die Stoffe von den Orten des Überschusses zu denen des Mangels strömen, bereitet demnach unserem Verständnis kaum Schwierigkeiten. Die Problematik setzt erst ein, sobald wir die Konkurrenz in Rechnung zu stellen suchen: Wie kommt es, daß bei verbreitetem Bedarf nicht einfach die Nächsten alles, die Fernsten nichts bekommen? Zum Teil regelt sich auch das noch ziemlich plump mechanisch: Ist die Wasser- und Nährsalzversorgung eines guten Bodens reichlich, so werden die Triebe üppig schießen und einen Teil ihrer Assimilate selbst verbrauchen; das Wurzelsystem bleibt in solchem Falle relativ klein. Ist dagegen auf einem schlechten Boden das Sproßwachstum gehemmt, so strömen ungenutzte Assimilate wurzelwärts, was zu einem relativ starken Wurzelwachstum führt und die Ernährung aus dem kargen Boden erleichtert. Es können sogar übrige Assimilate aus den Wurzeln in den Boden gehen, Pilze anlocken und den Aufbau einer „Pilzwurzel" (Mykorrhiza, einer Lebensgemeinschaft zwischen Wurzeln und Pilzen) begünstigen, die dann ihrerseits die Stoffaufnahme fördert. Die bevorzugte Mykorrhizabildung auf schlechten Böden scheint in der Tat auf diese einfache Weise zu erklären: Drosselt man nämlich die Assimilatwanderung nach den Wurzeln durch Ringelung oder Schnürung, so unterbleibt die Mykorrhizabildung.

In anderen Fällen aber müssen zusätzliche Regulationen dafür sorgen, daß auch abgelegenere Teile zu ihrem Recht kommen.

Besonders bei der Wasserversorgung müssen die der Wasserquelle, das ist dem Boden, nächstgelegenen Teile von Natur aus
stark begünstigt sein. Viele Pflanzen begnügen sich auch damit,
dem Boden entlang zu wachsen, verzweigen sich „basiton" (d. h.
unter Förderung basaler Verzweigung) zu mehr oder weniger
dichten Polstern oder kriechen als Spaliere am Boden hin. Der
Kampf um einen anderen, nicht minder wichtigen Lebensfaktor,
das Licht, hat aber viele Pflanzen, vorab unsere Bäume veranlaßt,
sich vom Boden zu erheben und ihre Kronen im Wettstreit
emporzutragen. In diesem Fall gilt es, die Wasserversorgung des
Gipfels gegen die Konkurrenz tieferer Teile zu sichern. Dazu
genügt nicht allein eine größere Saugkraft; die Organisationsform
des Baumes besteht vielmehr sehr wesentlich darin, daß das
Wasserleitungssystem des Stammes gegenüber dem der Äste,
Zweige und Blätter stark bevorzugt ausgestattet wird. LEONARDO
DA VINCI hat, wie wir oben S. 39 hörten, die Architektur des
Baumes als System konstanter Wasserleitfähigkeit aufgefaßt, und
spätere Untersuchungen haben ihm der Größenordnung nach
Recht gegeben. Genauere Untersuchungen haben aber doch
gesetzmäßige Abweichungen zutage gefördert, welche in unserem
Zusammenhang wichtig sind: So steht zur Versorgung von
Tannentrieben für jedes Gramm Nadeln durchschnittlich $^1/_2$ qmm
Holzquerschnitt zur Verfügung. Nähern wir uns aber dem Wipfel,
so gehen die Zahlen im Leittrieb sprunghaft in die Höhe (Abb.75);
der Leittrieb ist also viel stärker als seiner Nadelmasse entspricht.
Auf diese Weise wird das Wasser gezwungen, vorzugsweise dorthin zu steigen und nur in bescheidenerem Maße in die Äste überzutreten. Diese Tendenz wird noch dadurch verstärkt, daß
Seitentriebe, vor allem aber Blätter nur mit beträchtlichen Widerständen an die Haupt- und Fernleitbahnen angeschlossen sind:
Tracheen und Tracheiden sind in den Stämmen stets weiter und
länger als in den Ästen und Zweigen; Gefäße laufen in ersteren oft
über weite Strecken durch, während sie vor Abzweigungen enden
(„organeigene Gefäße"). In verstärktem Maße gilt das für den
Anschluß der Blätter: Die „Blattspur" beginnt fast immer mit
einer Art Staubecken, in dem sich die leitende Querschnittsfläche
stark verbreitert; dafür besteht diese Stelle auch bei sonst trachealen Leitungssystemen aus kurzzelligen Tracheiden. Man hat diese

Eigentümlichkeit anfangs hauptsächlich unter dem Gesichtswinkel betrachtet, daß dadurch der spätere Abwurf der Blätter ohne Gefährdung für das Wasserleitungssystem der Achsen (Lufteintritt) erleichtert werden soll. Gleichzeitig wird aber damit nachweislich eine Sicherung gegen übermäßige Entnahmen geschaffen, genau wie durch elektrische „Sicherungen" im Stromnetz. Beobachtet man den Aufstieg fluoreszierender Farbstoffe in durchscheinenden Pflanzen, so sieht man, daß die Stromspitze in den Achsen ziemlich gleichmäßig vorrückt, während sie an jeder Abzweigung, besonders am Blattrand erst einmal Halt macht, ehe sie weiterschreitet. Bedenken wir außerdem, daß die oberen Blätter und Triebe schon dank ihres höheren Lichtgenusses meist höhere osmotische Werte besitzen, so wird verständlich, daß sie im Kampf ums Wasser mit den tieferen Teilen durchaus wettbewerbsfähig sind. Die Beobachtung, daß beim Mammutbaum (Sequoia gigantea) die oberen Zweige erheblich weniger transpirieren als die unteren, darf keinesfalls verallgemeinert werden; nicht einmal die Saugkräfte brauchen oben unbedingt höher zu sein. Es ist vielmehr das Zusammenwirken relativ zunehmender Leitungsquerschnitte, höherer spezifischer Leitfähigkeiten und steigender osmotischer Werte, welches die Spitzenförderung (Akrotonie) der Bäume erklärt.

Noch nicht gleichweit fortgeschritten ist die Analyse des Verteilungsmodus für Assimilate. Hier hat man den Eindruck, daß die gesunde Pflanze mindestens zeitweilig mit so starken Überschüssen arbeitet, daß die Speicherung an den Endpunkten des Stromes zu einer biologischen Notwendigkeit wird. Die Siebröhrensaftkonzentration einer Roteiche nimmt vom Kronenansatz

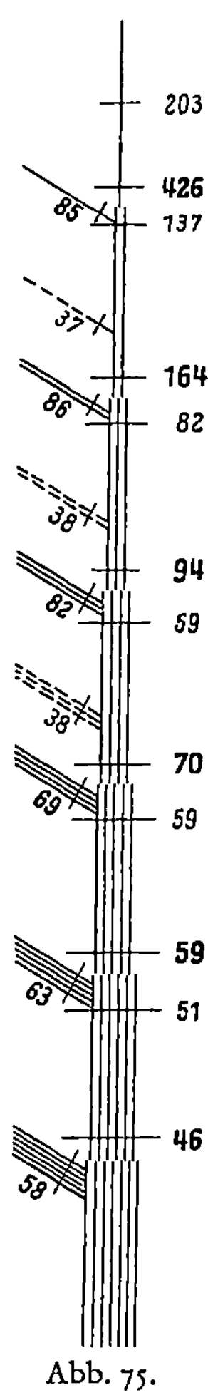


Abb. 75.

Abb. 75. Apikale Zunahme der relativen Leitflächen in einem Tannenwipfel. Die Zahlen bedeuten Hundertstel qmm je Gramm Nadelfrischgewicht. Nach HUBER

bis in Brusthöhe zwar deutlich, aber doch relativ wenig (beispielsweise von 10 bis 1,5 m Höhe von 18% auf 15%) ab[1]. Die unterwegs bespülten Zellen sind also offenbar gar nicht imstande, den ganzen Reichtum aufzunehmen; ihr Wachstum scheint von anderen Faktoren begrenzt zu werden. So erreichen immer noch ansehnliche Assimilatmengen den Wurzelraum und führen dort zu Speichervorgängen, wie wir sie im Extrem von den Kartoffelknollen und ähnlichen unterirdischen Speicherorganen kennen. Besonders wenn der offensive Schwung der Triebentfaltung, der die erste Hälfte der Vegetationsperiode kennzeichnet und die Assimilate an Ort und Stelle verbraucht, nachläßt, dann setzt in der zweiten Hälfte der Vegetationsperiode die starke basale Verlagerung der Assimilate ein. Nach Versuchen in Klimahäusern wird diese besonders durch niedrige Nachttemperaturen stark angeregt: Über 18° bildet die Kartoffel keine Knollen.

Im übrigen sei ganz offen bekannt, daß wir von einem vollen Verständnis all dieser Korrelationen noch sehr weit entfernt sind. Trotzdem sollte die Aufmerksamkeit auf ein Gebiet gelenkt werden, auf dem in der Zukunft wohl die wichtigsten weiteren Fortschritte der Saftstromphysiologie zu erwarten sind.

---

[1] Gleichzeitig nimmt allerdings auch die leitende Querschnittsfläche beträchtlich ab.

# Sachverzeichnis